Kompetenzmodelle

Praxis der Personalpsychologie
Human Resource Management kompakt
Band 27

Kompetenzmodelle
von Dr. Stefan Krumm, Dr. Inga Mertin und Prof. Dr. Christian Dries

---

Herausgeber der Reihe:

Prof. Dr. Heinz Schuler, Dr. Rüdiger Hossiep,
Prof. Dr. Martin Kleinmann, Prof. Dr. Werner Sarges

Kompetenzmodelle

von
Stefan Krumm, Inga Mertin
und Christian Dries

HOGREFE
GÖTTINGEN · BERN · WIEN · PARIS · OXFORD
PRAG · TORONTO · BOSTON · AMSTERDAM
KOPENHAGEN · STOCKHOLM · FLORENZ

Dr. Stefan Krumm, geb. 1978. Studium der Psychologie und Promotion zum Dr. rer. nat. an der Philipps-Universität Marburg. Während der Promotion wissenschaftlicher Mitarbeiter in der Arbeitsgruppe Psychologische Diagnostik in Marburg und freiberuflicher Berater am TransMIT-Zentrum für Psychologisches Assessment (Tätigkeits-Schwerpunkt: Eignungsdiagnostik). Von 2008 bis 2010 Berater und Spezialist für Forschung und Entwicklung beim kölner institut für managementberatung (Köln). Seit 2010 akademischer Rat am Lehrstuhl für Organisationspsychologie der Westfälischen-Wilhelms-Universität Münster sowie Projektleiter der BFO (Beratung und Fortbildung für Organisationen). Inhaber der Lizenz A für berufsbezogene Eignungsbeurteilungen nach DIN 33430. Forschungsschwerpunkte: kognitive Leistungsfähigkeit, Eignungsdiagnostik, Teamfähigkeit und Kompetenzen der virtuellen Teamarbeit.

Dr. Inga Mertin, geb. 1979. Studium der Psychologie und Promotion zum Dr. rer. nat. an der Philipps-Universität Marburg. Von 2006 bis 2012 Beraterin beim *kölner institut für managementberatung.* Tätigkeitsschwerpunkte: Beratung von Unternehmen zu Themen der Eignungsdiagnostik, Personalentwicklung, Coaching und Feedbacksystemen. Seit 2012 Consultant HR Development bei der *Lekkerland AG & Co. KG.* Tätigkeitsschwerpunkte: Entwicklung und Implementierung internationaler Personalentwicklungsmaßnahmen und -prozesse. Inhaberin der Lizenz A für berufsbezogene Eignungsbeurtteilungen nach DIN 33430.

Prof. Dr. Christian Dries, geb. 1960. Studium der Psychologie und Ökonomie an der Universität Gießen. 2000 Promotion zum Dr. phil. Seit mehr als 20 Jahren in der Personal- und Managementberatung tätig, heute Gesellschafter und wissenschaftlicher Leiter im kölner institut für managementberatung. Seit 2007 tätig als Professor an der Hochschule Fresenius in Köln.

Bibliografische Information der Deutschen Nationalbibliothek
Die Deutsche Nationalbibliothek verzeichnet diese Publikation in der Deutschen Nationalbibliografie; detaillierte bibliografische Daten sind im Internet über http://dnb.dnb.de abrufbar.

Göttingen · Bern · Wien · Paris · Oxford · Prag · Toronto · Boston
Amsterdam · Kopenhagen · Stockholm · Florenz
Merkelstraße 3, 37085 Göttingen

http://www.hogrefe.de
Aktuelle Informationen · Weitere Titel zum Thema · Ergänzende Materialien

Umschlagbild: © pressmaster – Fotolia.com
Satz: ARThür Grafik-Design & Kunst, Weimar
Druck: AZ Druck und Datentechnik GmbH, Kempten
Printed in Germany
Auf säurefreiem Papier gedruckt

ISBN 978-3-8017-2392-7

Inhaltsverzeichnis

1 Beschreibung des Gegenstandsbereichs

Begriff „Kompetenzmodell" in Fachliteratur selten

Die wissenschaftliche Forschung im Bereich der Organisationspsychologie, Lehrbücher der Organisationspsychologie und Leitfäden für die Praxis beschäftigen sich ausgiebig mit Themengebieten wie Personalentwicklung, Personalauswahl, Recruiting oder Leistungsbewertungs- und Anreizsystemen. Der Begriff *Kompetenzmodell* taucht hingegen nur sehr selten auf.

Vielfältige Einsatzmöglichkeiten in der Praxis

Ungeachtet der geringen Verbreitung in der Fachliteratur verfügen viele Großunternehmen und Konzerne über ein oder mehrere Kompetenzmodelle. In diesen sind verschiedene, in der jeweiligen Organisation als relevant erachtete Kompetenzen spezifiziert. Kompetenzmodelle werden als Grundlage für Auswahl- und Entwicklungsentscheidungen herangezogen oder zur Gestaltung von Anreizsystemen genutzt – um nur einen Teil der vielfältigen Einsatzmöglichkeiten im Human Resource[1] Management zu nennen.

Häufig intuitive Entwicklung

Es ist sicherlich auch auf die scheinbar geringe Verfügbarkeit von fundierter Fachliteratur zurückzuführen, dass Kompetenzmodelle in der Praxis bislang häufig intuitiv und ohne Bezug zu gut etablierten Erkenntnissen der Organisationspsychologie generiert werden. Der vorliegende Band zielt darauf ab, die bereits vorhandenen, unter anderen Labels aufgeführten, wissenschaftlichen Erkenntnisse so zu präsentieren, dass diese bei der Erstellung von Kompetenzmodellen berücksichtigt und umgesetzt werden können. Davon erhoffen wir uns einen Beitrag zur engeren Verzahnung von wissenschaftlichen Erkenntnissen und gängiger Praxis.

Nutzung der Forschungsergebnisse verwandter Bereiche

Die Relevanz einer besseren Verzahnung sei an einem Beispiel veranschaulicht: Stellen Sie sich einen Mitarbeiter der Abteilung Strategische Personalentwicklung eines größeren Unternehmens vor. Für ihn steht die Aufgabe an, das seit längerem bestehende Kompetenzmodell komplett neu zu gestalten. Er möchte seine Aufgabe gut machen und vertieft sich in die ihm bekannte psychologische Fachliteratur. Leider findet er unter den Begriffen „Kompetenzmodelle" und „Kompetenzen" kaum Auskünfte (eine Ausnahme stellt dabei das Buch *Personalentwicklung in Organisationen* dar; Sonntag, 2006). Er ist daher pragmatisch und greift auf weniger fundierte Literatur oder Erfahrungswissen von Kollegen zurück. Sicherlich kann auch so ein gutes Kompetenzmodell entstehen – nichtsdestotrotz würde der Mitarbeiter auf diese Weise ein großes Spektrum an relevantem Know-How unbeachtet lassen oder nur implizit berücksichtigen; nämlich jene wissenschaftlichen Erkenntnisse, die in der psychologischen Fachliteratur unter den Begriffen „Anforderungsanalyse" oder „Anforderungsmerkmale" zu finden sind. Zu diesen Begriffen gibt es eine lange Forschungstradition, die eine Fülle an relevanten Erkenntnissen produziert hat (vgl. Kapitel *Arbeits- und Anforderungsanalyse* in Schuler, 2007). Wir sagen nicht, dass die in dieser

1 Nachfolgend verwenden wir HR als Abkürzung für Human Resource.

Forschungstradition entstandenen Erkenntnisse stets unmittelbar in die Praxis der Erstellung von Kompetenzmodellen zu übertragen sind. Jedoch erscheint uns eine gesunde Mischung aus psychologischem Fachwissen zu Anforderungsanalysen und praktischem Erfahrungswissen zur Erstellung von Kompetenzmodellen vielversprechend.

Fazit
Es gibt vergleichsweise wenig Literatur, die wissenschaftliche Erkenntnisse zur Entwicklung und Anwendung eines eigenen Kompetenzmodells so darstellt, dass diese Erkenntnisse in der Praxis anwendbar sind.

In Kapitel 1 sollen unter anderem die folgenden Fragen beantwortet werden:
- Was versteht man unter Kompetenzen?
- Was ist ein Kompetenzmodell?
- Wie unterscheiden sich Kompetenzen von Anforderungsmerkmalen? Wie lassen sich beide Konzepte in einem Kompetenzmodell integrieren?
- Wie groß ist der ungefähre Aufwand bei der Entwicklung und Einführung eines Kompetenzmodells?
- Worin liegt der Nutzen von Kompetenzmodellen?

1.1 Definitionen

„Kompetenz" als Kernbegriff

Bevor wir uns mit Kompetenzmodellen beschäftigen, ist es notwendig, das Kernelement dieses Begriffs, *Kompetenz,* zu definieren. Wie sich gleich zeigen wird, ist dies gar nicht so einfach.

1.1.1 Definition von Kompetenzen

Mehrere Bedeutungen

Der Begriff *Kompetenz* wird in vielfältiger Weise benutzt. Dies gilt sowohl für den allgemeinen Sprachgebrauch als auch für die Verwendung im Bereich der (Personal-)Psychologie. Deutschsprachige Lexika unterscheiden in der Regel zwei Bedeutungen: Zum einen wird Kompetenz als Sachverstand, Fähigkeit, Vermögen umschrieben, zum anderen als Zuständigkeit oder Befugnis (Langenscheidt, 2012). Letztere Bedeutung wird häufig in der Politik verwendet und bezeichnet die Zuständigkeiten von Staatsorganen. Bisweilen streitet man sich in der Politik auch über die sogenannte Kompetenzkompetenz, d. h. die Befugnis, Streitigkeiten über die Zuständigkeit von Staatsorganen zu regeln (Schubert & Klein, 2006).

Unterschiedliches Verständnis unter Experten

Um die Bedeutung von Kompetenz(en) für das HR-Management zu klären, hat eine Taskforce der amerikanischen Society of Industrial and Organizational Psychology (SIOP) Experten aus Wissenschaft und Praxis befragt. Das Ergebnis zeigt, dass fast jede befragte Person ein eigenes Verständnis hat. Die Antworten der Experten auf die Frage, was sie unter Kompetenzen[2] verstünden, reichten von „Ein Mischmasch aus Wissen, Fertigkeiten, Fähigkeiten und Anforderungen der beruflichen Tätigkeit" bis hin zu „Ich weiß es nicht" (Schippmann et al., 2000, S. 706).

Nützlichkeit des Begriffs umstritten

Neben der Debatte, was unter Kompetenzen zu verstehen sei, wird in der Wissenschaft auch kontrovers diskutiert, ob Kompetenzen überhaupt sinnvolle Beschreibungen menschlichen Verhaltens darstellen. Kompetenzen sind in der wissenschaftlichen Literatur nämlich keineswegs unumstritten. Im Gegenteil, einige Forscher vertreten die Auffassung, dass man statt des in den vergangenen Jahrzehnten erst aufkommenden Kompetenzbegriffs eher die in der (personal)psychologischen Forschung lange etablierten Begriffe *Fähigkeiten und Fertigkeiten*[3] verwenden oder einfach von *Anforderungsmerkmalen* sprechen sollte (Woodruffe, 2000). Andere Wissenschaftler wiederum betonen explizit die Nützlichkeit des Kompetenzbegriffs (Sarges, 2001).

Kompetenz = Set von Merkmalen, das dazu beiträgt, berufliche Situationen zu bewältigen

Die Frage der Definition und die Frage des Nutzens hängen eng miteinander zusammen. Versteht man Kompetenzen lediglich als ein Synonym für Fähigkeiten oder Fertigkeiten, ist die kritische Frage nach dem zusätzlichen Nutzen gegenüber diesen etablierten Konzepten natürlich berechtigt. Wenn andererseits Kompetenzen definiert werden als Konzept, das über Fähigkeiten und Fertigkeiten hinausgeht und einen praktischen Nutzen hat, so ist eine Verwendung dieses Konzeptes durchaus berechtigt. Eine ausführliche und sehr nützliche Darstellung, was unter Kompetenzen zu verstehen ist, nimmt Scherm (2009) mit Bezug auf Erpenbeck und von Rosenstiel (2005) vor, die wir in die hier aufgeführte Definition integriert haben:

> Eine Kompetenz ist ein Set von Fähigkeiten, Fertigkeiten und anderen Merkmalen, das ursächlich dazu beiträgt, dass eine Person in der Lage ist, komplexe Situationen effektiv zu bewältigen (in Anlehnung an Eck, Jöri & Vogt, 2007); dieses „Set" kann durch Lernen und Erfahrung entwickelt werden. Die in der personalpsychologischen Praxis verwendete Bezeichnung der jeweiligen Kompetenz orientiert sich weniger an psychologischen Merkmalen als vielmehr an der komplexen beruflichen Situation, für die das Merkmals-„Set" benötigt, wird.

Erläuterung anhand „Sozialer Kompetenz"

Was meinen wir mit einem *Set von Fähigkeiten, Fertigkeiten und anderen Merkmalen*? Dies sei am Beispiel des Begriffs „Soziale Kompetenz" erläu-

---

2 Wir verwenden in der Folge weitgehend den Plural „Kompetenzen", um deutlich zu machen, dass Personen nicht global als kompetent oder inkompetent beschrieben werden sollten, sondern über verschiedene Stärken und Schwächen verfügen (siehe Zusammenfassung zu diesem Abschnitt).

3 Eine Beschreibung des Unterschieds zwischen Fähigkeiten und Fertigkeiten befindet sich in Abschnitt 1.2.3.

tert: Um ein hohes Maße an sozialer Kompetenz zeigen zu können, sollte man über verschiedene Eigenschaften verfügen, wie z. B. ein hohes Einfühlungsvermögen, gute Kommunikationsfertigkeiten und ein umfangreiches Wissen über soziale Normen. Die einzelnen Eigenschaften alleine (Einfühlungsvermögen etc.) sind nicht als Kompetenz zu verstehen; sie werden als psychologische Merkmale bzw. Eigenschaften bezeichnet, oder, sofern sie relevant sind für berufliche Leistungen, als Anforderungsmerkmale. Im Gegensatz dazu beschreibt Soziale Kompetenz als Sammelbegriff verschiedener Eigenschaften, dass eine Person sich ihres Einfühlungsvermögens, ihrer Kommunikationsfertigkeiten und ihres Wissens (und noch weiterer Merkmale) angemessen und effektiv bedienen kann, um ein gewünschtes Ergebnis zu erzielen. So würde man von einem Mitarbeiter mit hoher sozialer Kompetenz erwarten, dass er in einer Verhandlung mit einem schwierigen Kunden in der Lage ist, eine gute Gesprächsatmosphäre zu schaffen, die Ziele und Wünsche des Kunden wahrzunehmen und aufzugreifen, seinen eigenen Standpunkt bzw. den des Unternehmens zu vertreten und angemessen zu kommunizieren.

Fokus auf komplexe Situationen

Die hier verwendete Definition fokussiert auf das effektive Bewältigen von *komplexen Situationen*. Es geht also nicht um einzelne Tätigkeiten (wie z. B. Lenken oder Beschleunigen eines Busses), sondern um einen Verhaltenskomplex, der zur Bewältigung von erfolgsrelevanten beruflichen Situationen erforderlich ist, für die es keine vorgefertigten Lösungsmuster gibt (Scherm, 2009). Oder wie McClelland (1973) es sinngemäß ausdrückte: Man kann alle notwendigen Fertigkeiten haben, um einen Bus zu steuern, aber dennoch nicht über die Kompetenz verfügen, mit den Passagieren angemessen zu interagieren (siehe Furnham, 2008). Während das Steuern eines Busses sehr klar definierte Handlungsmuster erfordert (Lenken, Beschleunigen, Bremsen etc.), ist der angemessene Umgang mit Passagieren ein komplexer Vorgang, für den es keine klare Routinelösung gibt. Diese Kompetenz könnte man als Kompetenz, mit Passagieren zu interagieren, bezeichnen. Oder einfacher: Soziale Kompetenz.

Praxistaugliche Bezeichnungen

Um bestimmte Kompetenzen zu benennen, werden häufig Bezeichnungen gewählt, die nahe an dem kriterienrelevanten Verhalten sind (z. B. die Kompetenz „Führen mit Zielen"). Dies trägt dem Umstand Rechnung, dass Kompetenzen als ein Set zu verstehen sind, das aus verschiedenen psychologischen Merkmalen besteht. Allerdings können diese Merkmale sehr unterschiedlich sein, effektives „Führen mit Zielen" verlangt viele verschiedene Fähigkeiten, Kenntnisse und Fertigkeiten. Statt einen komplizierten Sammelbegriff für diese psychologischen Merkmale zu finden, wählt man naheliegender Weise eine Bezeichnung, die den Bezug zu den relevanten, komplexen beruflichen Herausforderungen – in diesem Fall „Führen mit Zielen" – deutlich macht.

Kompetenzen werden erworben und entwickelt

Kompetenzen können *erworben und entwickelt* werden. Gerade weil es um effektives Agieren in komplexen Situationen geht, für die es keine eindeutigen Lösungen gibt, ist es wichtig, auf einen gewissen Erfahrungsschatz zurückgreifen zu können und ständig dazuzulernen. Der Umgang mit schwierigen Kunden erfordert ein umfangreiches Verhaltensrepertoire, das entwickelt werden kann und situationsangemessen eingesetzt werden muss. Auch der situationsangemessene Einsatz von bereits erlernten Verhaltensweisen kann trainiert werden.

Kompetenz ist keine hinreichende Bedingung für Leistung

An dieser Stelle soll auf einen wichtigen Punkt hingewiesen werden: Die hier verwendete Definition besagt nur, dass Personen, die über die notwendige Kompetenzen verfügen, prinzipiell in der Lage sind, die damit verbundenen Leistungen zu erbringen. Das bedeutet nicht automatisch, dass sie diese Leistungen auch jederzeit zeigen. Umgekehrt lässt eine unzureichende Leistung nicht automatisch auf fehlende Kompetenzen schließen. Es geht uns also, wenn wir über Kompetenzen sprechen, um die *Voraussetzungen* für gute Leistungen. Man kann sich viele Gründe denken, warum Menschen über notwendige Kompetenzen verfügen, diese aber in bestimmten Situationen nicht in entsprechende Leistungen umsetzen können:
- mangelnde Motivation (z. B. weil ein Mitarbeiter erwartet, dass seine Anstrengungen keine Beachtung finden)
- erschwerende Bedingungen in der Interaktion mit anderen Personen (z. B. in einem Gespräch mit einem sehr kritischen Kunden)
- erschwerende Randbedingung (z. B. eine Kundenpräsentation, auf die man sich wegen hohen Termindrucks nicht vorbereiten konnte).

Zusammenfassung und kritische Würdigung des Kompetenzbegriffs

Die von uns gewählte Definition und die Erläuterungen zu dieser Definition sind nicht unumstritten und können aus verschiedenen Gründen kritisiert werden. Das zentrale Anliegen, diesem Band ein gemeinsames Begriffsverständnis von „Kompetenzen" zugrunde zu legen, macht es jedoch erforderlich, sich festzulegen, obwohl viele Aspekte unserer Definition in der wissenschaftlichen Literatur kontrovers diskutiert werden. Die folgende Aufzählung nennt kontroverse Aspekte und fasst die von uns gewählte Definition hinsichtlich dieser Aspekte zusammen. Für die Erstellung und Anwendung von Kompetenzmodellen in Organisationen empfehlen wir aufgrund der unterschiedlichen Vorstellungen, was unter Kompetenzen zu verstehen ist, ebenfalls eine gemeinsame Verständigung auf eine Definition. Dazu können die folgenden Punkte hilfreich sein (vgl. Furnham, 2008):
- *Kompetenzen als Voraussetzungen für Leistungen:* Statt zu sagen, „eine Person ist kompetent" bevorzugen wir die Formulierung „eine Person verfügt (in einem bestimmten Ausmaß) über bestimmte Kompetenzen", da ersteres eher verwendet wird, wenn man von Kompetenz als Resultat einer Leistung spricht. Wir benutzen letztere Formulierung, um zum Ausdruck zu bringen, dass Kompetenzen als Voraussetzungen für Leistungen verstanden werden und das Vorhandensein einer Kompetenz nicht automatisch zu einer exzellenten Leistung führt.

– *Zusammenwirken von Fähigkeiten, Fertigkeiten und anderen Eigenschaften:* Wir sprechen nicht von „der Kompetenz" als globale Beschreibung (etwa des „Potenzials" einer Person), sondern gehen davon aus, dass stets mehrere, ganz unterschiedliche Fähigkeiten, Fertigkeiten und andere Eigenschaften zusammenwirken, sich auch gegenseitig kompensieren können, sodass Kompetenz als Singular eine zu globale Auffassung des Kompetenzbegriffs darstellt.
– *Graduelle Ausprägung von Kompetenzen:* Wir fassen Kompetenzen als graduell ausgeprägt und nicht als „Alles-oder-Nichts"-Phänomen auf. Psychologische Merkmale als „Fundament" von Kompetenzen sind in aller Regel ebenfalls graduell ausgeprägt, daher ist es sinnvoll, auch Kompetenzen so zu konzeptualisieren. Ein graduelles Verständnis von Kompetenzen ist nicht vereinbar mit der häufig zu vernehmenden Aussage „Herr/Frau XY hat Potenzial". Wenn eine kompetenzbasierte Potenzialeinschätzung erfolgt, sollte hier beispielsweise von großem oder überdurchschnittlichem Potenzial gesprochen werden.
– *Lernbarkeit:* Mit dem vorherigen Punkt einhergehend teilen wir die Auffassung, dass der Grad der Ausprägung von Kompetenzen grundsätzlich veränderbar ist (z. B. durch Training). Wie gut dies gelingt, mag von Kompetenz zu Kompetenz variieren. Ebenfalls erlernbar sind Strategien, wie Schwächen in Teilaspekten einer Kompetenz kompensiert werden können.

Die häufigste Kritik an dem Kompetenzbegriff bezieht sich auf unklare bzw. nicht mit etablierten psychologischen Konzepten zu vereinbarende Definitionen und der, zumindest aus Sicht vieler Wissenschaftler, festzustellenden Beliebigkeit der von Unternehmen formulierten Kompetenzen. An dieser Stelle kann Entwicklern von Kompetenzmodellen bereits empfohlen werden, klar zu definieren, was sie unter Komptenz(en) verstehen. In diesem Band werden zudem Hinweise gegeben, wie der Beliebigkeit bei der Formulierung von Kompetenzen entgegengewirkt werden kann.

Nachdem wir hergeleitet haben, welche Definition von Kompetenzen wir diesem Band zugrunde legen, bleibt noch zu klären, was unter einem Kompetenzmodell – manche Unternehmen sprechen auch von einem Kompetenzrahmen – verstanden wird.

1.1.2 Definition von Kompetenzmodellen

Definition Kompetenzmodell

Ein Kompetenzmodell ist eine – für die Kommunikation in einer Organisation geeignet aufbereitete und gestaltete – Sammlung und Beschreibung von Kompetenzen, die als relevant erachtet werden, um in Teilen der jeweiligen Organisation oder der Gesamtorganisation (derzeit und in Zukunft) erfolgreich agieren zu können (siehe auch Mansfield, 1996).

Das heißt, ein valides Kompetenzmodell beschreibt Kompetenzen von Menschen, die in einer Organisation oder einem bestimmten Arbeitsplatz erfolgreich sind oder es in Zukunft sein werden (Dalton, 1997). Die Ausrichtung auf Kompetenzen, die in Zukunft relevant sein werden, ist ein nicht unwesentliches Element von Kompetenzmodellen: Die zukünftige Unternehmensstrategie und die damit verbundenen Anforderungen an Mitarbeiter können so berücksichtigt werden.

Die Bezeichnung Kompetenz*modell* mag ein wenig irreführend sein, da die meisten Kompetenzmodelle eher eine Auflistung oder Sammlung von Kompetenzen darstellen und selten Aussagen über Hierarchie und Interaktion der enthaltenen Kompetenzen machen, also kein *Modell* sind. Streng genommen wäre die Bezeichnung Kompetenzrahmen oder Kompetenzprofil zutreffender. Wir verwenden hier jedoch bewusst den in der Praxis weitaus verbreiteteren Begriff Kompetenzmodell.

Single-Job versus One-Size-Fits-All

Kompetenzmodelle können einen unterschiedlich breiten Geltungsbereich haben. Mansfield (1996) beschreibt ein Kontinuum, von einem sogenannten „Single-Job-Kompetenzmodell" bis hin zu den „One-Size-Fits-All-Kompetenzmodellen". *Single-Job-Modelle* beschreiben lediglich die Kompetenzen, die an einem konkreten Arbeitsplatz notwendig sind. *One-Size-Fits-All-Modelle* setzen auf einer übergeordneten Ebene an und subsumieren Kompetenzen, die bei sehr vielen Arbeitsplätzen und Tätigkeiten in einer Organisation relevant sind. Noch allgemeinere Gültigkeit haben unternehmensübergreifende Kompetenzmodelle, sogenannte *generische Kompetenzmodelle* (Sarges, 2001). Diese Modelle versuchen, Kompetenzen zu integrieren, die über einzelne Organisationen hinaus bedeutsam sind. Sie werden vor allem dann kreiert, wenn HR-Instrumente auf verschiedene Organisationen angewendet werden sollen. Dies ist z. B. bei Personalabteilungen einer Holding der Fall, genauso wie bei Beratungsunternehmen. Wenn beispielsweise ein Fragebogen erstellt werden soll, der ein erstes Screening von Nachwuchsführungskräften unterschiedlicher Unternehmen erlaubt, so wird der Konstrukteur des Fragebogens sich überlegen, welche Kompetenzen denn für den Kreis der avisierten Unternehmen *insgesamt* relevant sind. Diese Kompetenzen bilden ein generisches Kompetenzmodell und können dem Fragebogen zugrunde gelegt werden.

Eigenschafts- versus aufgabenbasiert

Man kann darüber hinaus zwischen eigenschaftsbasierten und aufgabenbasierten Kompetenzmodellen unterscheiden (vgl. Paschen, 2003). Unter Ersterem versteht man Kompetenzmodelle, die auf Eigenschaften der Personen abzielen (z. B. Zielorientierung, Flexibilität); letzteres bezeichnet Modelle, die hauptsächlich Aufgabenbereiche aufführen (z. B. Strukturierung der Vertriebsaufgaben).

Inhaltliche Ebenen

Idealerweise enthalten Kompetenzmodelle verschiedene inhaltliche Ebenen. Man kann zwischen folgenden Gliederungsebenen unterscheiden, wobei 1. die globalste und 4. die detaillierteste Ebene bezeichnet:

Ebenen eines Kompetenzmodells

1. **Kompetenzcluster** (z. B. Business Skills oder Personale Kompetenzen), also Überbegriffe unter denen verschiedene Kompetenzen zusammengefasst werden,
2. **Kompetenzen** (z. B. Unternehmerisches Denken und Handeln) sowie
3. dafür relevante **psychologische Merkmale** (z. B. kognitive Fähigkeiten, also Intelligenz) und
4. **beobachtbares Verhalten** (als Indikator für psychologische Merkmale, z. B. „Vor- und Nachteile einer Unternehmensstrategie darstellen").

Kompetenzcluster haben in der Regel nur den Zweck, die eigentlichen Inhalte eines Kompetenzmodells anschaulich zu sortieren. Beobachtbares Verhalten als detailliertestes Element eines Kompetenzmodells ist hingegen sehr hilfreich um zu verdeutlichen, was konkret unter den Kompetenzen zu verstehen ist (d. h. was von jedem Mitarbeiter erwartet wird). Zudem bietet es Anhaltspunkte zur Verhaltensänderung und kann als Indikator für die den Kompetenzen zugrunde liegenden psychologischen Merkmale herangezogen werden.

Kompetenz von Fähigkeit abgrenzen

Obwohl die hier genannten Begriffe eine klare hierarchische Gliederung aufweisen, wird diese in der Praxis nicht immer stringent umgesetzt. Häufig werden Kompetenzen und psychologische Merkmale (z. B. Fähigkeiten oder motivationale Aspekte) *gleichwertig* auf derselben Ebene eines Kompetenzmodells aufgeführt. Dies liegt vor allem daran, dass häufig nicht klar definiert ist, wie Kompetenzen im jeweiligen Kompetenzmodell verstanden werden. Wenn man beispielsweise die weiter vorne aufgeführte Definition zugrunde legt, wird deutlich, dass Kompetenzen verschiedene Fähigkeiten, Fertigkeiten und andere Merkmale beinhalten können, die allesamt dazu beitragen, dass Personen in hohem Maße über eine Kompetenz verfügen. Daher sollten Kompetenzen und Fähigkeiten nicht nebeneinander in einem Kompetenzmodell stehen, sondern hierarchisch gegliedert sein.

Viele Varianten der Entwicklung und Implementierung möglich

Es wird bereits in diesem ersten Abschnitt deutlich, dass es viele Varianten bei der Erstellung und Implementierung eines Kompetenzmodells gibt und dementsprechend viele Aspekte zu beachten sind. Wir werden darauf in diesem Band noch näher eingehen. Es sei hier bereits kurz erwähnt, dass es sich lohnt, ein Kompetenzmodell sorgfältig zu implementieren, stellt es doch eine wesentliche Grundlage für eine ganze Reihe von Personalmaßnahmen und -instrumenten dar, wie beispielsweise: Auswahlentscheidungen, Leistungsbeurteilungen, Personalentwicklungsmaßnahmen, Feedback- und Anreizsysteme. Nicht zuletzt können Kompetenzmodelle dazu beitragen, die Vielfalt der Personalmaßnahmen einer Organisation zu vernetzen, sodass diese sich sinnvoll ergänzen. Die Bedeutung für das Personalmanagement

(Abschnitt 1.3) und der betriebliche Nutzen (Abschnitt 1.4) werden später noch näher beleuchtet.

Nachdem in diesem Kapitel die Definition des Kompetenzbegriffs und der Kompetenzmodelle im Vordergrund stand und eine Abgrenzung zu anderen Begriffen nur kursorisch erfolgte, sollen im folgenden Abschnitt ähnliche Begriffe wie Anforderungsmerkmale oder Fähigkeiten und Fertigkeiten erläutert und explizit von Kompetenzen abgegrenzt werden.

1.2 Ähnliche Begriffe: Einordnung und Abgrenzung

Abgrenzung von weiteren Begriffen

Wir haben bereits dargelegt, dass kein einheitliches Verständnis darüber besteht, was unter Kompetenzen zu verstehen ist. Die in Kapitel 1.1 vorgestellte Definition soll nun hinsichtlich folgender Begriffe abgegrenzt und eingeordnet werden:
- *K*nowledge, *S*kills & *A*bilities (KSAs) oder *K*nowledge, *S*kills, *A*bilities & *O*ther Characteristics (KSAOs)
- Anforderungen oder Anforderungsmerkmale
- Fähigkeiten und Fertigkeiten
- Persönlichkeitsmerkmale.

Obwohl viele Leser sicher eine sehr konkrete Vorstellung von Kompetenzmodellen haben, soll hier auch eine Einordnung und Abgrenzung hinsichtlich folgender Begriffe vorgenommen werden:
- Arbeits- und Anforderungsanalysen
- Anforderungsprofil
- Unternehmensleitbild.

1.2.1 Knowledge, Skills & Abilities (KSAs) oder Knowledge, Skills, Abilities & Other Characteristics (KSAOs)

KSA bzw. KSAO

KSA steht für Knowledge, Skills und Abilities. KSAO schließt neben Knowledge, Skill und Abilities auch noch Other Characteristics mit ein.

Knowledge, Skills, Abilities & Other Characteristics
(siehe Aamodt, 2010, S. 53)

- *Knowledge (Wissen)* = das Ausmaß an Informationen und Kenntnissen, über das eine Person verfügt
- *Skills (Fertigkeiten)* = erlernbare Eigenschaften, um eine spezifische Aufgabe zu beherrschen (z. B. Auto fahren)
- *Abilities (Fähigkeiten)* = grundlegende, nicht oder nur schwer erlernbare Eigenschaften (z. B. Intelligenz), um eine ganze Reihe an Aufgaben zu bewältigen

- *Other Characteristics (andere Merkmale)* = hierzu werden in der Regel Persönlichkeitseigenschaften, Motivation, Interessen usw. gezählt.

KSAs und KSAOs sind jeweils Sammelkategorien, die die hier aufgelisteten Merkmale beinhalten. Beispiele für KSAs sind Konfliktlösungs- oder Kommunikations-KSAs.

KSA(O) mit Kompetenzen gleichzusetzen

KSAs und KSAOs sind, wie Kompetenzen auch, Sammelbegriffe für eine Reihe von Fähigkeiten, Fertigkeiten, Wissensbereichen und anderen Merkmalen und als Voraussetzungen für das Erbringen einer (beruflichen) Leistung aufzufassen. Insofern ist dieses Konzept mit Kompetenzen gleichzusetzen (Dalton, 1997).

1.2.2 Anforderungen oder Anforderungsmerkmale

„Kompetenz“ = „Anforderung“?

Wenn es in der deutschsprachigen personalpsychologischen Literatur um psychologische Merkmale geht (siehe Ebene 3 der in Abschnitt 1.1.2 aufgeführten Gliederung), die zentral für den Erfolg in einem bestimmten Tätigkeitsfeld sind, dann wird in der Regel von Anforderungen oder Anforderungsmerkmalen gesprochen (z. B. Schuler, 2000). In der Tat gibt es eine – nicht nur auf Deutschland beschränkte – Debatte, ob man nun besser von Kompetenzen oder von Anforderungen sprechen sollte (Sarges, 2001). Wir beschreiben zunächst, was man unter Anforderungsmerkmalen versteht und gehen dann auf die Unterschiede zu Kompetenzen ein.

Aufgaben-, Verhaltens- und Eigenschafts-anforderungen

Anforderungsmerkmale lassen sich unterteilen in Aufgabenanforderungen, Verhaltensanforderungen und Eigenschaftsanforderungen (vgl. Schuler, 2007). Unter *Aufgabenanforderungen* versteht man Anforderungen, die unmittelbar aus der Ausführung einer mit der beruflichen Tätigkeit verbundenen Aufgabe entstehen. Im Falle eines Lektors wären dies unter anderem Rechtschreibkenntnisse. *Verhaltensanforderungen* sind Anforderungen an das tatsächliche Agieren eines Mitarbeiters. Beispielsweise würde man von einem Mitarbeiter am Empfang eines Hotels erwarten, dass er zuvorkommend und höflich auftritt. *Eigenschaftsanforderungen* sind dann gegeben, wenn eine berufliche Tätigkeit erfordert, dass bestimmte Eigenschaften besonders ausgeprägt sind. Ein Qualitätsprüfer profitiert in seiner Arbeit sicher davon, dass er ein hohes Maß an Gewissenhaftigkeit mitbringt.

Beispiel

Rechtschreibkenntnisse, zuvorkommendes und höfliches Auftreten und Gewissenhaftigkeit sind *einzelne* Merkmale und Verhaltensweisen, nicht aber ein komplexes Set an Merkmalen, stellen also keine Kompetenzen dar. Sie können aber durchaus als Teil einer Kompetenz aufgefasst werden. Für das Beispiel des Qualitätsprüfers könnte man z. B. als Kompetenz *Qualität sicherstellen* spezifizieren.

Will man zentrale Unterschiede zwischen Anforderungsmerkmalen auf der einen Seite und Kompetenzen auf der anderen Seite herausarbeiten, so kann man folgendes festhalten:

Unterschiede Kompetenz und Anforderungsmerkmal

Unterschiede zwischen Anforderungsmerkmalen und Kompetenzen
– Kompetenzen sind in der Regel direkte Beschreibungen der beruflich relevanten Verhaltensweisen (*Qualität sicherstellen* im Vergleich zu *Gewissenhaftigkeit*). – Kompetenzen stellen in der Regel Sammelbegriffe dar, Anforderungen sind einzelne Merkmale einer Person (*Fähigkeiten, im Team zu arbeiten* im Vergleich zu *Empathie*). – Kompetenzen sind häufig alltagssprachlicher formuliert (Sarges, 2001) (*Präsentieren und Interagieren* im Vergleich zu *Soziale Intelligenz*).

Vor- und Nachteile der Herangehensweisen

Diese unterschiedlichen Herangehensweisen haben jeweils Vor- und Nachteile. Kompetenzen alltagssprachlich und nahe an beruflichen Leistungskriterien zu formulieren, hat den Vorteil, dass die Kommunikation mit den „Nutzern" eines Kompetenzmodells erleichtert wird. Mitarbeitern ist die Relevanz der Kompetenzen meist leicht ersichtlich, eine aufwendige Übersetzung psychologischer Termini in die Alltagssprache ist nicht notwendig. Dieser Vorteil ist nicht trivial, da Kompetenzmodelle wichtige Kommunikationsinstrumente in Organisationen sind: Sie transportieren Erwartungen und Ziele der Organisation an dessen Mitarbeiter. Der Vorteil der alltagssprachlichen Formulierung gilt ebenfalls bei der Identifikation von Kompetenzen. Die meist in Workshops und Meetings im eigenen Unternehmen erarbeiteten Kompetenzen müssen nicht in psychologische Merkmale übersetzt werden, sondern können direkt in das Kompetenzmodell einfließen.

Kompetenzen haben im Vergleich zu Anforderungen aber auch einige Nachteile. Die Formulierung nahe am Leistungskriterium (z. B. *Führungskompetenz*) erfordert spätestens dann eine „Zerlegung" in psychologische Merkmale, die – in diesem Beispiel – Führungskompetenz ausmachen, wenn es darum geht, diese Kompetenz zu messen. Beispielsweise im Rahmen von Assessment-Center oder Interviews ist es wichtig, dass sich die Verantwortlichen überlegen, welche Verhaltensweisen indikativ für eine hohe Führungskompetenz sind. Ein weiterer Nachteil von Kompetenzen besteht darin, dass sie aufgrund ihrer teilweise sehr unternehmensspezifischen Formulierung (als Beispiel sei hier *Leistungsorientierte Qualitätssicherung* genannt) nur schwer in die bestehende personalpsychologische Forschung eingeordnet werden können. Dort wird man kaum Hinweise finden, wie Leistungsorientierte Qualitätssicherung am besten gemessen werden kann oder welche Relevanz diesem Konzept in Hinblick auf den beruflichen Erfolg eines Mitarbeiters zukommt. Wir können daher festhalten: Wenn man sich an der bereits existierenden, umfangreichen Forschung zu Themen der Personalauswahl und -entwicklung orientieren möchte, fällt dies umso schwerer, je spezifischer die Kompetenzen formuliert wurden.

Berechtigung beider Konzepte

Die unterschiedlichen Vor- und Nachteile machen deutlich, dass beide Konzepte ihre Berechtigung haben, wenn man ein sinnvoll nutzbares Kompetenzmodell implementieren möchte. Verschiedene Autoren empfehlen, die jeweiligen Vorteile zu nutzen und beide Konzepte zu berücksichtigen. Im Rahmen der Entwicklung eines Kompetenzmodells für die SHL Group schlagen Bartram, Kurz und Bailey (2000) vor, eine hierarchische Untergliederung von Kompetenzmodellen in eine Oberflächenstruktur und eine Tiefenstruktur vorzunehmen. Die *Oberflächenstruktur* eines Kompetenzmodells sollte aus Kompetenzen bestehen. Sie können im Unternehmen gut kommuniziert werden, ihre Relevanz ist leicht ersichtlich. Die Nachteile der schweren Messbarkeit und des geringen Bezugs zur personalpsychologischen Forschung können durch die Tiefenstruktur eines Kompetenzmodells ausgeglichen werden. Die *Tiefenstruktur* besteht aus für die jeweiligen Kompetenzen relevanten Anforderungen, also psychologischen Eigenschaften und konkreten Verhaltensweisen, die für die erfolgreiche Umsetzung einer Tätigkeit stehen. Anforderungen können gleichzeitig als Übersetzungshilfe in Kompetenzmodellen verwendet werden. Beispielsweise kann man den Kompetenzbegriff „Analysieren und Gestalten“ hinterlegen mit dem psychologischen Begriff „analytische Fähigkeiten“ oder „Intelligenz“ und hier auf die jeweilige Fachliteratur zurückgreifen. Wir beziehen uns im Folgenden unter dem Begriff „Anforderungen“ auf etablierte psychologische Merkmale, die messbar sind und für die Erkenntnisse aus Wissenschaft und Forschung zur Verfügung stehen.

Diese Ausführungen berücksichtigend kann die in Abschnitt 1.1.2 aufgeführte Gliederung folgendermaßen ergänzt werden:

Ebenen eines Kompetenzmodells
Oberflächenstruktur (eher alltagssprachliche, an beruflichen Leistungsbereichen orientierte Begriffe; geringe psychologische Fundierung)
1. Kompetenzcluster 2. Kompetenzen
Tiefenstruktur (psychologisch etablierte und fundierte Merkmale zugehörige Verhaltensindikatoren)
3. relevante psychologische Merkmale (d. h. Anforderungsmerkmale) 4. beobachtbares Verhalten

1.2.3 Fähigkeiten und Fertigkeiten

Fähigkeiten

Fähigkeiten sind grundlegende, nicht oder nur schwer erlernbare Eigenschaften (z.B. Intelligenz), um eine ganze Reihe an Aufgaben zu bewältigen. Dabei sind die zu bewältigenden Aufgaben, wenn man von Fähigkeiten spricht, in der Regel klarer umrissen und implizieren eine bestimmte Lösung (Scherm, 2009). Intelligenz als Fähigkeit wird meist mit Denkaufgaben gemessen, die eine eindeutige Lösung haben. Kompetenzen hingegen sind definiert als Voraussetzungen für das Bewältigen von komplexen Situationen, die keine eindeutige Lösung implizieren und den Einsatz unterschiedlicher Fähigkeiten und Fertigkeiten erfordern (ein Beispiel hierfür ist die häufig verwendete Kompetenz *Strategisches Denken und Handeln*). Wenn bestimmte Fähigkeiten relevant sind für berufliche Leistungen, dann subsumiert man diese unter dem Begriff Anforderungen. Fähigkeiten sind nicht gleichzusetzen mit Kompetenzen, können aber wesentlicher Bestandteil von Kompetenzen sein. Im Sinne der im vorherigen Abschnitt vorgestellten Unterteilung in Oberflächen- und Tiefenstruktur würde die Kompetenz Strategisches Denken und Handeln die Oberflächenstruktur abbilden, Intelligenz als Fähigkeit einen Teil der Tiefenstruktur.

Fertigkeiten

Fertigkeiten sind erlernbare Eigenschaften, um eine spezifische Aufgabe zu beherrschen (z.B. Auto fahren). Sie können ebenfalls als Anforderungen verstanden werden, wenn ihre Relevanz für berufliche Leistungen gegeben ist. Je nach Fertigkeit würde man von Aufgaben- oder Verhaltensanforderungen sprechen. Auch Fertigkeiten können die Tiefenstruktur zu verschiedenen Kompetenzen darstellen.

1.2.4 Persönlichkeitsmerkmale

Persönlichkeit

Ein Persönlichkeitsmerkmal beschreibt die Tendenz einer Person, sich in bestimmten Situationen auf eine bestimmte Art und Weise zu verhalten. Menschen, die sowohl zu Hause als auch am Arbeitsplatz alle Dinge ordnen, sortieren und systematisch aufbewahren, würde man als gewissenhaft bezeichnen bzw. eine hohe Ausprägung des Persönlichkeitsmerkmals Gewissenhaftigkeit attestieren. Persönlichkeitsmerkmale enthalten zunächst einmal keine Wertung, d.h. sie sind nicht von vornherein gut oder schlecht, sondern lediglich eine Präferenz einer Person. Dies bedeutet nicht, dass sich eine Person, wenn sie müsste, nicht auch anders verhalten kann. Beispielsweise kann jemand in vielen Situationen eher lustig und gesellig sein, aber sich auf einer Beerdigung trotzdem ruhig und still verhalten. Persönlichkeitsmerkmale sagen also nur etwas über prinzipielle Verhaltenspräferenzen aus, aber nichts darüber, ob man in der Lage ist, ein bestimmtes Verhalten zu zeigen. Damit unterscheiden sie sich deutlich von Kompetenzen, die ja darauf abzielen, ob man die Voraussetzungen für eine berufsrelevante Leistung mitbringt. Nichtsdestotrotz sind Persönlichkeitsmerkmale relevant für verschiedene berufliche Leistungen (vgl. Furnham, 2008), wie bereits für Fähigkeiten und Fertigkeiten ausgeführt, aber im Sinne einer Tiefenstruktur.

In die bereits mehrfach dargestellte Gliederung der Ebenen eines Kompetenzmodells lassen sich Persönlichkeitsmerkmale sowie Fähigkeiten und Fertigkeiten folgendermaßen integrieren:

Ebenen eines Kompetenzmodells
Oberflächenstruktur
1. Kompetenzcluster 2. Kompetenzen
Tiefenstruktur
3. relevante psychologische Merkmale (d. h. Anforderungsmerkmale) – Persönlichkeitsmerkmale – Fähigkeiten und Fertigkeiten 4. beobachtbares Verhalten

1.2.5 Arbeitsanalyse und Anforderungsanalyse

Identifikation von Anforderungen

Gebräuchliche Begriffe für die Identifikation von beruflichen Anforderungen sind Arbeitsanalyse und Anforderungsanalyse. Damit meint man den Prozess der Identifikation von Anforderungen, also einem wesentlichen Teil eines Kompetenzmodells, nämlich der Tiefenstruktur. Die Begriffe Arbeitsanalyse und Anforderungsanalyse sollen daher im Folgenden kurz erläutert werden.

„Arbeitsanalyse" nach DIN

Die Norm zu berufsbezogenen Eignungsbeurteilungen des Deutschen Instituts für Normen (DIN 33430; Deutsches Institut für Normung, 2002, S. 18) definiert eine Arbeitsanalyse als „Methode der Identifizierung der an einem Arbeits-/Ausbildungsplatz oder in einem Beruf auszuführenden Aufgaben oder der auszuübenden Tätigkeiten, ihrer Ausführungsbedingungen sowie ihrer psychischen, physischen und sozialen Umfeldbedingungen und Organisationsmerkmale".

Fokus von Arbeitsanalysen

Arbeitsanalysen fokussieren demnach vor allem auf Charakteristika der beruflichen Tätigkeit. Typische Informationsquellen sind Arbeitsplatzbeschreibungen, Handbücher, Interviews mit Stelleninhabern oder Experten, sowie Fragebögen zur Arbeitsanalyse.

„Anforderungsanalyse" nach DIN

Weiterhin spezifiziert die DIN 33430 *Anforderungsanalysen* als „Ermittlung von personenrelevanten, psychischen und psychophysischen Voraussetzungen für den zu besetzenden Arbeitsplatz, das Aufgabenfeld, die Ausbildung bzw. das Studium oder den Beruf, für das/den die Eignung eines Kandidaten festgestellt werden soll – einschließlich der Merkmale, die für die berufliche Zufriedenheit bedeutsam sind". Demzufolge beschäftigen sich Anforderungsanalysen nicht so sehr mit Charakteristika der beruflichen Tätigkeit, sondern mit den Merkmalen der Stelleninhaber, d. h. mit notwendigen Eigenschaften, die eine erfolgreiche Ausführung des Jobs ermöglichen.

Anforderungsprofil als Ergebnis

Wie bereits geschildert, stellen Anforderungen einen wesentlichen Teil, nämlich die Tiefenstruktur, von Kompetenzmodellen dar. Dementsprechend sollten Anforderungsanalysen und die Identifikation von Kompetenzen Hand in Hand gehen. Leider ist dies selten der Fall. Der Prozess der Identifikation von Anforderungen ist häufig getrennt von dem der Identifikation von Kompetenzen. Von Anforderungsanalysen spricht man häufig, wenn sorgfältig und für konkrete berufliche Situationen Anforderungen ermittelt werden. Das Ergebnis solcher Analysen wird als *Anforderungsprofil* bezeichnet. Analysen zur Identifikation von Kompetenzen beanspruchen eher einen breiteren Geltungsbereich und werden häufig intuitiv durchgeführt. Dies ist zumindest ein Resultat aus den Analysen der bereits erwähnten Task Force der SIOP (Society for Industrial and Organizational Psychology), die einen Vergleich zwischen den Ergebnissen von Anforderungsanalysen und Kompetenzmodellen vornahm (Schippman et al., 2000).

Kompetenzmodelle und Ergebnisse von Anforderungsanalysen im Vergleich

1. Anforderungsanalysen werden häufig standardisierter durchgeführt (z. B. mithilfe von Checklisten und Fragebögen) als dies im Rahmen der Identifikation von Kompetenzen der Fall ist.
2. Anforderungsanalysen berücksichtigen mehrere Informationsquellen (Aufgaben, Leistungsstandards etc.) je nach Anwendungsfall (z. B. Personalauswahl, Training); Kompetenzmodelle berücksichtigen in der Regel nur wenige Informationsquellen und unterscheiden nicht nach Anwendungsfall.
3. Das Ergebnis von Anforderungsanalysen wird häufiger evaluiert (z. B. durch Analyse der Übereinstimmung verschiedener Personen, die interviewt wurden) als dies bei Kompetenzmodellen der Fall ist.
4. Anforderungsanalysen haben einen geringeren Bezug zu strategischen Unternehmenszielen als Kompetenzmodelle. Letztere sind häufig vor dem Hintergrund einer gezielten Ausrichtung des Unternehmens erstellt.

(Quelle: Schippmann et al., 2000)

1.2.6 Anforderungsprofil

Anforderungsprofile als Teil von Kompetenzmodellen

Ein Anforderungsprofil ist das Ergebnis einer Anforderungsanalyse. Anforderungsprofile beziehen sich auf Anforderungen, d. h. in der Personalpsychologie etablierte Merkmale. In Kompetenzmodellen stellen sie die Tiefenstruktur dar, sie bilden sozusagen das wissenschaftlich etablierte psychologische Fundament der Kompetenzmodelle.

1.2.7 Unternehmensleitbild

Unternehmensleitbild beinhaltet Werte und Verhaltensgrundsätze

Ein Unternehmensleitbild, oder im englischen „Mission Statement", ist von einem Kompetenzmodell zu unterscheiden. Ein Unternehmensleitbild stellt eine Charakterisierung des Unternehmens dar, es beinhaltet häufig die im Unternehmen bestehenden Werte und Verhaltensgrundsätze sowie die Ziele und die Philosophie des Unternehmens (siehe Hertel et al., 1998). Ein Kompetenzmodell fokussiert in der Regel auf Kompetenzen, über die ein bestimmter Personenkreis innerhalb des Unternehmens verfügen sollte, stellt also keine Charakterisierung des Unternehmens insgesamt dar. Allerdings sind die Grenzen zwischen Unternehmensleitbild und Kompetenzmodell fließend: Ein Kompetenzmodell beschreibt zumindest einen Ausschnitt des Unternehmens und kann auch Verhaltensgrundsätze (z. B. Führungsgrundsätze als Kompetenzen formuliert) beinhalten. Die Entwicklung eines Leitbildes für ein mittelständisches Unternehmen ist bei Hertel et al. (1998) dargestellt, ein beispielhafter Leitsatz ist dieser Darstellung entnommen und nachfolgend aufgeführt.

Beispielhafter Leitsatz aus einem Unternehmensleitbild

In der Zusammenarbeit ist uns vor allem ein fairer Umgang und gegenseitiger Respekt wichtig.

Für uns gehört ein kooperativer Umgang zum Arbeitsalltag. Jeder von uns wird mit seinen Besonderheiten und Auffassungen respektiert. Er kann stets seine Meinung zum Betriebsgeschehen äußern und Vorschläge zu Verbesserungen machen.

(Quelle: Hertel et al., 1998, S. 163)

Fazit

Insgesamt kann festgehalten werden, dass Fähigkeiten, Fertigkeiten und Persönlichkeitsmerkmale, wenn sie anhand einer Anforderungsanalyse als relevant für eine Tätigkeit identifiziert wurden, als Anforderungsmerkmale bezeichnet werden, die wiederum die Tiefenstruktur von Kompetenzmodellen darstellen.

1.3 Bedeutung für das Personalmanagement

Kompetenzmodell als Grundlage für HR-Instrumente

Kompetenzmodellen kommt eine große Bedeutung im Personalmanagement zu. Dies hat mehrere Gründe: Ein Kompetenzmodell stellt die Grundlage, sozusagen das Fundament, vieler Instrumente im Personalmanagement dar. Ein einmal erzielter Konsens über wesentliche Kompetenzen des Unternehmens, der in Form eines Kompetenzmodells festgehalten wird, ermöglicht es, unterschiedliche Instrumente wie Mitarbeitergespräche, Zielvereinbarungen oder Personalauswahl- und Personalentwicklungsverfahren auf diese Kompetenzen auszurichten. Damit kann eine Organisation in sich stimmig agieren und über viele Kanäle Mitarbeiter darin unterstützen, die relevanten Kompetenzen gezielt einzusetzen oder weiterzuentwickeln. Zudem wird die inhaltliche Schwerpunktsetzung bei Mitarbeitergesprächen, Zielvereinbarungen, Auswahl- und Entwicklungsverfahren nicht den jeweils dafür verantwortlichen Mitarbeitern oder Führungskräften überlassen, sondern unternehmensweit und nachhaltig gesteuert. Bevor wir uns diesen Aspekten jedoch näher widmen, wollen wir zunächst einmal die Verbreitung von Kompetenzmodellen illustrieren.

1.3.1 Verbreitung

Verbreitung hoch

Fast alle Großunternehmen und Konzerne sowie zunehmend auch mittelständische Unternehmen verfügen über ein oder mehrere Kompetenzmodell(e). Schippman und Kollegen (2000) berichten über zwei amerikanische Studien aus den Jahren 1996 und 1998, in denen zwischen 75 und 80 % der befragten Unternehmen angaben, eine kompetenzbasierte HR Strategie zu verfolgen. In neueren Erhebungen bei deutschen Unternehmen zeigt sich ein ähnliches Bild. Steinmayr (2005) beschreibt, dass bei einem unter ihrer Beteiligung durchgeführten Symposium in Deutschland fast alle anwesenden Unternehmensvertreter berichteten, über ein Kompetenzmodell zu verfügen. Dieser Eindruck wird auch durch eine aktuelle Online-Befragung von deutschen Unternehmen bestätigt (Thomas, 2010). Von 400 angeschriebenen Unternehmen nahmen 112 an der Befragung teil. Diese gaben mehrheitlich (79 %) an, ein Kompetenzmodell zu besitzen oder dessen Implementierung in den nächsten 2 Jahren zu planen.

1.3.2 Aufwand

Aufwand zur Entwicklung und Implementierung sehr unterschiedlich

Der notwendige Aufwand bei der Entwicklung und Implementierung eines Kompetenzmodells kann sehr unterschiedlich ausfallen und hängt unter anderem von folgenden Aspekten ab:

- Geltungsbereich des Kompetenzmodells (nur für einzelne berufliche Positionen oder sehr global)

– Differenzierung in verschiedene organisationale Ebenen
– Anzahl der darauf anzupassenden HR-Instrumente
– Verfügbare Vorinformationen (z. B. konkrete Tätigkeitsbeschreibungen, Handbücher)
– Anzahl und Vernetzung der zu involvierenden Entscheidungsträger
– Möglichkeit des Rückgriffs auf bereits durchgeführte Anforderungsanalysen bzw. Forschungsergebnisse zu relevanten Anforderungen.

So global wie möglich, so spezifisch wie nötig

Generell gilt, dass ein Kompetenzmodell so spezifisch für einzelne Funktionen im Unternehmen wie nötig und so global wie möglich sein sollte. Ein globales Kompetenzmodell mit unternehmensweiter Gültigkeit bietet den Vorteil, dass alle Personalinstrumente im Unternehmen darauf abgestimmt werden können. Allerdings lassen sich dann eventuell die Anforderungen spezifischer Berufsgruppen nicht mehr detailliert genug beschreiben. Aus diesem Grund empfiehlt es sich, verschiedene Detailgrade oder Ebenen in einem Kompetenzmodell zu berücksichtigen. Dies erhöht natürlich den Aufwand bei der Erstellung.

Vorgehensschritte

Im Kern besteht das Vorgehen zur Entwicklung eines Kompetenzmodells aus den folgenden Schritten (vgl. auch Sonntag & Schmidt-Rathjens, 2004):

1. *Identifikation der erfolgskritischen Verhaltensweisen und Anforderungen, also der Tiefenstruktur des Kompetenzmodells*
   – Zunächst werden verschiedene Verfahren der Arbeits- und Anforderungsanalyse mit möglichst vielen Personen durchgeführt, um verlässliche Ergebnisse bezüglich der erfolgskritischen Verhaltensweisen und Anforderungen zu erhalten. Dabei kommen idealerweise zunächst offene/unstrukturierte Verfahren der Arbeits- und Anforderungsanalyse zum Einsatz (z. B. Interviews und Workshops), danach erfolgt eine strukturiertere Vorgehensweise (z. B. durch standardisierte Fragebögen).
   – Idealerweise kann man zur Auswahl der relevanten Kompetenzen auf einschlägige Forschung zurückgreifen. Die Entwicklung eines Kompetenzmodells für Führungskräfte erlaubt, oder besser, verlangt geradezu einen Blick in die umfangreiche Führungsforschung. Um die relevanten Führungskompetenzen zu ermitteln, kann man direkt auf etablierte Führungsfragebögen zurückgreifen (unter anderem den *Multifactor Leadership Questionnaire, MLQ5X*, in der deutschen Version von Felfe und Goihl, 2002; oder das *Adaptive Leadership Competency Profile, ALCP*, in der deutschen Übersetzung von Steinmayr, 2005). Ist dies nicht möglich, muss mehr „Forschung vor Ort" betrieben werden, z. B. durch eine Befragung der Mitarbeiter nach relevanten Aspekten der Tätigkeit.
2. *Identifikation der Oberflächenstruktur, d. h. der Kompetenzen*
   – Die psychologischen Merkmale, die als Ergebnis der Arbeits- und Anforderungsanalyse resultieren, werden zu gut kommunizierbaren und alltagssprachlich formulierten Kompetenzen zusammengefasst.

- Zusätzlich soll auch die Unternehmensstrategie ihren Eingang in ein Kompetenzmodell finden (z. B. in Form von Führungsgrundsätzen). Auch dieses Vorgehen erhöht den notwendigen Aufwand, da die entsprechenden Verantwortlichen im Unternehmen eingebunden werden müssen.

3. *Entwurf einer Strategie zur Einführung des Kompetenzmodells im Unternehmen*
   - Um Akzeptanz und Commitment der Mitarbeiter, inklusive der Führungskräfte und HR-Verantwortlichen zu erlangen, ist eine wohldurchdachte, auf das jeweilige Unternehmen angepasste Kommunikationsstrategie notwendig.
4. *Anpassung der bestehenden HR-Instrumente an die Inhalte des Kompetenzmodells*
   - Damit das Kompetenzmodell wirksam wird, also sozusagen „lebt", ist es erforderlich, die bestehenden HR-Instrumente so auszurichten, dass sie die Inhalte des Kompetenzmodells reflektieren.
5. *Überprüfung der Angemessenheit des Kompetenzmodells*
   - Idealerweise wird die Angemessenheit des Kompetenzmodells regelmäßig kritisch geprüft. Gegebenenfalls werden einzelne Inhalte modifiziert.

Strategisches Management mit einbeziehen

Diese knappen Ausführungen werden in Abschnitt 4.1 noch einmal konkretisiert und erweitert. Sie stellen zudem einen idealisierten Ablauf dar, der in der Praxis selten zu realisieren ist. Wir wollen damit deutlich machen, dass der Aufwand zur Entwicklung und Implementierung eines Kompetenzmodells sehr hoch sein kann. Allerdings kann man an einigen Stellen durchaus auch – im Sinne der Machbarkeit – pragmatischer vorgehen. Nicht verzichtet werden sollte laut einer aktuellen Befragung (Thomas, 2010) auf den Einbezug des strategischen Managements und Maßnahmen zur Sicherstellung der Akzeptanz durch die Mitarbeiter. Beides wird von Personalverantwortlichen als sehr wichtig eingeschätzt bzw. als häufiger Grund für das Scheitern von Kompetenzmodellen genannt. Insgesamt lohnt sich ein elaboriertes und damit eher aufwendiges Vorgehen jedoch: Viele Personalinstrumente können daraufhin optimiert und synchronisiert werden, ein nachhaltiges HR-Management ist möglich.

1.3.3 Involvierte Personen

Mitarbeiter als direkt und indirekt Betroffene

Wenn ein Kompetenzmodell global angelegt ist, betrifft es letztlich alle Mitarbeiter des Unternehmens (direkt oder indirekt). Bei größeren Unternehmen kommt der Entwicklung und Implementierung des Kompetenzmodells alleine dadurch eine große Bedeutung zu, dass es unter Umständen mehrere 10 000 „Betroffene" gibt. Indirekt betroffen sind z. B. Mitarbeiter, deren Führungskraft sich nach den neuen Führungskompetenzen weiterentwickelt und diese umsetzt. Ebenso sind indirekte Auswirkungen eines neuen *Ver-*

triebs-Kompetenzmodells für *Betriebs*-Mitarbeiter denkbar in der gemeinsamen Projektarbeit zwischen Betriebs- und Vertriebsabteilungen.

Relevante Personengruppen

Neben den unmittelbaren Verantwortlichen für die Entwicklung eines Kompetenzmodells sind in der Regel viele andere Personengruppen beteiligt. Dies sind u. a.:

Beteiligte Personengruppen
– Sogenannte Subject-Matter-Experts (SMEs), also Experten, die befragt werden können, welche Kompetenzen relevant sind – Verantwortliche für die strategische Ausrichtung des Unternehmens (strategisches Management) – Verschiedene HR-Competence-Center, welche die anhand des Kompetenzmodells zu verzahnenden HR-Systeme betreuen – HR-Business-Partner in der Kommunikation mit ihren internen Kunden – Mitarbeiter mit Führungsverantwortung in der Anwendung von Führungsinstrumenten (z. B. Mitarbeitergesprächen)

Bei der Vielzahl an involvierten Personen in der Entwicklung eines Kompetenzmodells und dem bereits zuvor skizzierten, aufwendigen Vorgehen in der Erstellung und Implementierung stellt sich die Frage: Lohnt sich dieser Aufwand, d. h. rechtfertigt der betriebliche Nutzen diese umfangreichen Anstrengungen? Diese Frage wird im folgenden Abschnitt aufgegriffen.

1.4 Betrieblicher Nutzen

1.4.1 Valide Grundlage für Personalinstrumente

Stellen Sie sich vor, Sie sind eine Führungskraft und führen ein Mitarbeitergespräch, in dem Sie die nächsten Entwicklungsschritte des Mitarbeiters besprechen wollen. Dabei gehen Sie intuitiv vor und generieren Entwicklungsschritte, die zwar gut machbar erscheinen, aber irrelevant sind für die Entwicklung des Mitarbeiters hin zu einer Führungskraft. Oder überlegen Sie einmal, Sie würden neue Mitarbeiter auswählen und dabei beliebige Kriterien für deren Auswahl anlegen. Das wäre nicht nur ethisch fraglich, sondern auch für Ihr Unternehmen extrem schädlich. Oder Sie vergeben leistungsbezogene Prämien nach ständig wechselnden Kriterien. All dies führt unter Umständen zu einer wenig nachhaltigen Unternehmensentwicklung, wird alle Beteiligten verwirren oder gar demotivieren und letztlich das wirtschaftliche Überleben des Unternehmens unnötig gefährden.

Solide Basis zahlt sich aus

Führt man sich diese möglichen negativen Auswirkungen vor Augen, so ist leicht zu erkennen, dass sich der Aufwand, von „Grund auf" eine solide Basis für verschiedene HR-Instrumente zu schaffen, um ein Vielfaches auszahlt. Im Idealfall basieren sowohl Personalauswahl als auch Personalentwicklung, Zielvereinbarungen und Mitarbeitergespräche sowie leistungsbezogene Vergütungssysteme auf den Kompetenzen, die für eine bestimmte Mitarbeitergruppe erfolgsrelevant sind.

Daraus folgt der wesentliche Nutzen von Kompetenzmodellen sowie der darin enthaltenen Anforderungsmerkmale: Es kann sichergestellt werden, dass eine Fundierung für die verwendeten Personalinstrumente vorhanden ist und deren intendierte Wirkung nicht mangels validen Inhalts verpufft.

Wenige Studien verfügbar

Leider gibt es nur wenige empirische Studien zum Einfluss von elaborierten Kompetenzmodellen auf verschiedene Aspekte des Unternehmenserfolgs. Eine der wenigen verfügbaren Studien zu diesem Thema ist aus Irland und zeigt, dass Unternehmen, die über ein Kompetenzmodell verfügen, positiver abschneiden hinsichtlich der Erfolgsfaktoren Profit, Umsatzsteigerung und Fluktuation (Heffernan & Flood, 2000). Allerdings erlaubt der Aufbau der Studie keine kausalen Schlüsse; es ist beispielsweise nicht auszuschließen, dass die Unternehmen zuerst erfolgreich waren und sich dann ein Kompetenzmodell „leisteten“. In Zukunft sind weitere Studien wünschenswert, die mögliche kausale Zusammenhänge zwischen der Implementierung eines Kompetenzmodells und unternehmerischen Erfolgsfaktoren prüfen.

Vorteile von Kompetenzmodellen in der Personalauswahl

Vorteile von Kompetenzmodellen, die speziell im Rahmen von *Personalauswahlprozessen* herangezogen werden, sind (vgl. auch Heffernan & Flood, 2000; Schippmann et al., 2000; Steinmayr, 2005):

Ergänzung übergreifender Kompetenzen

- *Ergänzung spezifischer Anforderungen um übergreifende Kompetenzen*

In vielen Auswahlprozessen wird der Fokus auf einen zu engen Ausschnitt an Anforderungen gelegt. Es werden beispielsweise spezifische Kenntnisse über PC-Anwendungen definiert, aber kaum übergreifende Anforderungen formuliert. Wenn sich die IT-Infrastruktur eines Unternehmens schnell verändert, z. B. aufgrund von technischen Neuerungen oder Anpassung von Geschäftsprozessen, könnte eine übergreifende Anforderung sein, sich schnell an neue Gegebenheiten anzupassen und lernbereit zu sein. Eine Analyse der Anforderungen aus mehreren Perspektiven, die idealerweise bei der Erstellung eines Kompetenzmodells vorgenommen wird, kann dabei helfen, auch diese übergreifenden Anforderungen und Kompetenzen mit einzubeziehen.

Kostenoptimierung durch Person-Job-Fit

- *Kostenoptimierung durch die Auswahl der richtigen Person für den richtigen Job*

Eine validere Beurteilung von Mitarbeitern bringt für das Unternehmen langfristig einen enormen Nutzen. Mitarbeiter, die für eine bestimmte Aufgabe eingestellt wurden, aber den Anforderungen ihrer Stelle nicht gerecht werden, schränken die Produktivität und Profitabilität eines Unternehmens ein. Die Aufwände und Investitionen, die in die Einarbeitung, Weiterentwicklung etc. fließen, sind aus betriebswirtschaftlicher Sicht unrentabel. Neben den negativen Konsequenzen für das Unternehmen sind aber auch die Auswirkungen auf den betreffenden Mitarbeiter zu berücksichtigen. Eine dauerhafte Unter- oder Überforderung kann zu ernsthaften psychischen (und auch physischen) Belastungen führen.

Trainierbare versus nicht trainierbare Kompetenzen

- *Differenzierte Unterscheidung trainierbarer und nicht trainierbarer Kompetenzen*

Neben dem bereits beschriebenen Vorteil, dass die Passung der Eigenschaften des Bewerbers zu den Anforderungen der zu besetzenden Stelle besser beurteilt werden kann, ermöglicht eine differenzierte Erfassung von Kompetenzen auch deren qualitative Unterscheidung. Als Beispiel sei die Auswahl eines Call-Center-Mitarbeiters für technische Fragestellungen genannt. Angenommen, ein Bewerber erfüllt nahezu alle Anforderungen für die Aufgabe, jedoch fehlen ihm spezifische fachliche Kenntnisse. Ein anderer Bewerber hingegen verfügt über ein insgesamt noch höher ausgeprägtes Fähigkeitsprofil, bringt jedoch kaum Motivation dafür mit, sich mit Kunden auseinanderzusetzen. Bei der finalen Entscheidung für einen der beiden Bewerber wird dem ersten im Idealfall der Vorzug gegeben, sofern sich die Lücken in seinen Fachkenntnissen als nicht zu groß und somit trainierbar erweisen. Den grundsätzlichen Spaß am Umgang mit Kunden kann man jemandem nur schwer in einem Training oder einer Schulung vermitteln, sodass die Wahrscheinlichkeit für die spätere Unzufriedenheit des Mitarbeiters und auch der Kunden hoch ist.

Ein Kompetenzmodell kann somit nicht nur dazu herangezogen werden, die erfolgsrelevanten Anforderungen zu definieren, sondern auch zur Unterscheidung von leicht und weniger leicht trainierbaren Eigenschaften (Lucia & Lepsinger, 1999). Auf diese Weise können die Informationen, die über einen Bewerber vorliegen, sowohl quantitativ als auch qualitativ besser eingeordnet werden, der Personalentwicklungsbedarf abgeleitet und darauf aufbauend eine fundiertere Entscheidung getroffen werden.

Vorteile von Kompetenzmodellen im Trainings- und Entwicklungsbereich

Spezifische Vorteile für Trainingsbereich

Darüber hinaus entstehen spezifische Vorteile, wenn Kompetenzmodelle im *Trainings- und Entwicklungsbereich* eingesetzt werden. Die Ausrichtung der Personalentwicklungsinstrumente am Kompetenzmodell des Unternehmens trägt dazu bei, die Entwicklung der Mitarbeiter an den langfristigen

Anforderungen des Business oder der Strategie des Unternehmens zu orientieren. Auf diese Weise kann spontanem Aktionismus und einer nicht zielgerichteten Auswahl von Entwicklungsmaßnahmen entgegengewirkt werden. Es wird also der Fokus auf die wichtigen und nicht nur die aktuell präsenten Anforderungen gelegt. Insgesamt können vier übergreifende Vorteile genannt werden:

- *Sicherstellen der passenden Ausrichtung des Personalentwicklungsangebotes am tatsächlichen Bedarf*

Ausrichtung am tatsächlichen Bedarf

Auf der Basis eines sorgfältig entwickelten Kompetenzmodells kann ein Abgleich vorgenommen werden zwischen dem, was das Unternehmen schon an Personalentwicklungsmöglichkeiten bietet und dem, was an Entwicklungsmaßnahmen vorhanden sein sollte. Das Ergebnis dieses Vergleichs gibt Aufschluss darüber, ob ggf. weitere Maßnahmen mit aufgenommen oder andere ausgetauscht werden sollten.

- *Entwicklung relevanter Kompetenzen*

Zielgerichtete Entwicklung

Der Fokus kann leichter auf die Kompetenzen gerichtet werden, die für eine bestimmte Stelle tatsächlich relevant sind. Es liegt beispielsweise kein unmittelbarer Nutzen darin, einem Mitarbeiter Verhandlungsgeschick beizubringen, wenn die tägliche Arbeit keinerlei Verhandlungssituationen beinhaltet. Die Transparenz über Anforderungen trägt dazu bei, dass Entwicklungsmaßnahmen zielgerichteter eingesetzt werden können.

- *Einsparung von Kosten*

Reduktion von Kosten

Durch eine bessere Passung von Entwicklungsmaßnahmen zu dem tatsächlichen Entwicklungsbedarf ergibt sich auch eine Einsparung von Kosten. Kompetenzmodelle können dabei unterstützen, Entwicklungsmaßnahmen gezielt für Personen anzubieten, die sie wirklich benötigen, wodurch sich auch die Chance erhöht, dass die erlernten Kenntnisse und Fertigkeiten in deren Berufsalltag Anwendung finden.

- *Basis für Feedback durch Führungskräfte*

Hilfsmittel für Führungskräfte

Neben den bereits angesprochenen Trainings- und Schulungsmaßnahmen trägt vor allem die direkte Interaktion mit der Führungskraft zur Entwicklung eines Mitarbeiters bei. Ein Kompetenzmodell bietet dafür einen Rahmen, um ein gemeinsames Verständnis der Anforderungen und der Entwicklungsfelder eines Mitarbeiters zu entwickeln und umzusetzen.

Nutzen von Kompetenzmodellen
– Verzahnung der HR-Instrumente – Ergänzung spezifischer Anforderungen um übergreifende Kompetenzen – Kostenoptimierung durch die Auswahl der richtigen Person für den richtigen Job – Differenzierte Unterscheidung trainierbarer und nicht trainierbarer Kompetenzen – Sicherstellen der passenden Ausrichtung des Personalentwicklungsangebotes am tatsächlichen Bedarf – Training relevanter Kompetenzen – Einsparung von Kosten – Basis für Feedback durch Führungskräfte (vgl. auch Lucia & Lepsinger, 1999; Heffernan & Flood, 2000; Schippmann et al., 2000; Steinmayr, 2005)

1.4.2 Verzahnung und strategische Ausrichtung der Personalinstrumente

Kompetenzmodell als Managementsystem

Ein gut implementiertes Kompetenzmodell kann für ein Unternehmen ein wirkungsvolles System zur gemeinsamen Nutzung beim Recruiting, der Personalauswahl, Training und Kompetenzentwicklung, leistungsbezogenen Vergütungssystemen, Feedbacksystemen u.v.m. darstellen. Damit kommt dem Kompetenzmodell die Funktion eines Managementsystems zu (Heffernan & Flood, 2000) – man spricht daher häufig auch von Kompetenzmanagementsystemen (vgl. Kauffeld & Grote, 2011). Einmal verzahnt durch ein Kompetenzmodell (und in der Anwendung und Verwaltung unterstützt durch eine einheitliche IT-Infrastruktur), stellen Personalinstrumente keine isolierten Maßnahmen mehr dar, sondern formen eine nachhaltig gestaltete HR-Strategie, die sich an der Unternehmens-Strategie orientiert. Dies macht noch einmal deutlich, wie wichtig es ist, dass ein Kompetenzmodell eine valide, also belastbare Sammlung von Kompetenzen darstellt. Sind die falschen, weil irrelevanten Kompetenzen in ein Modell aufgenommen worden, wirkt sich dies gleich mehrfach aus: Alle mit dem Kompetenzmodell verknüpften HR-Systeme sind betroffen und schlimmstenfalls wirkungslos.

Einsatzgebiete von Kompetenzmodellen

In einer Befragung zur Nutzung von Kompetenzmodellen wurden deutsche Unternehmen, die derzeit ein Kompetenzmodell verwenden, befragt, in welchen Bereichen es zum Einsatz kommt bzw. für welche HR-Instrumente es die Grundlage darstellt (Thomas, 2010). Die Ergebnisse sind in Tabelle 1 dargestellt.

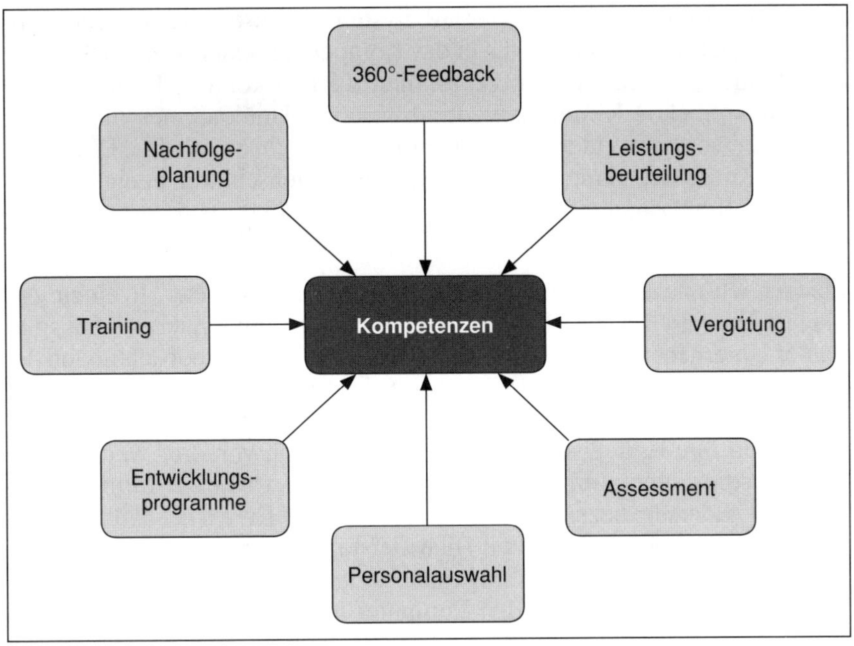

Abbildung 1:
Verzahnung der HR-Instrumente (nach Heffernan & Flood, 2000)

Tabelle 1:
Einsatzgebiete und prozentuale Einsatzhäufigkeit von Kompetenzmodellen in den befragten Unternehmen ($N = 75$) (Thomas, 2010)

Zweck/Einsatzgebiet	Anzahl der Nennungen	Prozent der Nennungen
Personalentwicklung	71	95 %
Karriere-/Nachfolgeplanung	56	74 %
Personalbeurteilung	50	67 %
Personalauswahl	47	63 %
Assessment-/Development-Center	45	60 %
Training/Coaching/Mentoring	39	52 %
(Mitarbeiter-/Vorgesetzten-/360°-)Feedback	35	47 %
Zielvereinbarungsgespräche	28	37 %
Strategische Personalanalyse	22	29 %

Eine strategische Ausrichtung der HR-Systeme ist insofern durch ein Kompetenzmodell zu realisieren, als in das Kompetenzmodell z. B. auch Werte oder Führungsgrundsätze aufgenommen werden können. Diese können und sollen auch reflektieren, wodurch sich das Unternehmen in Zukunft im Wettbewerb mit anderen Unternehmen auszeichnen möchte. Es ist also nicht nur möglich, aktuelle erfolgsrelevante Eigenschaften in ein Kompetenzmodell aufzunehmen, sondern auch eine Zukunftsvision zu implementieren.

Drei Werte-Bereiche: Beispiele aus Unternehmen

Machen wir das anhand eines Beispiels ein wenig konkreter: In einem Artikel im Harvard Business Review beschreiben die Leiter international agierender Unternehmen Treacy und Wiersema (1992) ihre Beobachtungen darüber, wie Unternehmen typischerweise agieren, um eine führende Rolle im weltweiten Wettbewerb einzunehmen. Üblicherweise fokussieren Unternehmen ihre strategische Ausrichtung auf einen von drei Werte-Bereichen, die die Autoren mit Operational Excellence, Customer Intimacy und Product Leadership bezeichnen. Unter *Operational Excellence* fällt die Strategie, zuverlässige Produkte und Dienstleistungen zu möglichst kompetitiven Preisen und bei geringem Aufwand für den Kunden bereitzustellen. Als Beispiel führen die Autoren den Computer-Hersteller Dell an. Dell bietet seinen Kunden die Möglichkeit, bequem per Internet einen neuen Computer zu bestellen. Der Computer wird dem Kunden per Paketversand zugestellt. Durch diese Form des Vertriebs ist Dell in der Lage, qualitativ gute Produkte zu attraktiven Preisen anzubieten. Als weitere Beispiele werden häufig Amazon.com und IKEA genannt. Mit *Customer Intimacy* wird die Strategie bezeichnet, eine hohe Nähe zu spezifischen Kundenbedürfnissen zu haben und das Angebot genau danach auszurichten. Unternehmen mit einer hohen Customer Intimacy streben lang anhaltende Kundenbeziehungen an, mit der Philosophie, dass Kunden für maßgeschneiderte Leistungen auch einen höheren Preis zu zahlen bereit sind (Kotler, Armstrong, Saunders & Wong, 2006). Ein Beispiel für ein Unternehmen mit hoher Customer Intimacy ist die Deutsche Lufthansa AG. Lufthansa bietet für verschiedene Kundensegmente passgenaue Lösungen und strebt deren Bindung über ein Bonusmeilen-System an. *Product Leadership* als dritte Strategie beschreibt die Ausrichtung, exzellente Produkte anzubieten, die in Qualität und Innovation über dem Wettbewerb liegen. Ein gutes Beispiel hierfür ist Apple; dieses Unternehmen bietet in kurzen Abständen neue Produkte an, die meist die entsprechenden Konkurrenzprodukte in Funktionalität, Innovativität und Design übertreffen. Nehmen wir an, Sie sehen die Chance für Ihr Unternehmen darin, eine besondere Kundennähe (Strategie: Customer Intimacy) aufzubauen. Wie richten Sie ein ganzes Unternehmen oder einen ganzen Konzern danach aus?

Ausrichtung von HR-Maßnahmen nach aktuellen und zukünftigen Herausforderungen

In der gerade geschilderten Situation kommt dem Kompetenzmodell des Unternehmens und der konsequenten Umsetzung in Form von verschiedenen HR-Systemen eine entscheidende Bedeutung zu. Sinnvollerweise werden Kompetenzen, die im Umgang mit Kunden relevant sind, verstärkt Eingang in Kompetenzmodelle finden. Eine hohe Zielerreichung wird mehr als vorher daran geknüpft sein, inwiefern die neue Strategie umgesetzt bzw. „gelebt" wurde. Bei Neueinstellungen wird man darauf achten, bewusst Bewerber zu attrahieren, die zu dieser strategischen Ausrichtung passen, man wird nur Bewerber einstellen, die über die entsprechenden Kompetenzen verfügen, man wird das Personalentwicklungskonzept ebenfalls darauf ausrichten, usw. Es wird deutlich, dass eine strategische Umorientierung von Unternehmen nicht nur durch Marketing, strukturelle Maßnahmen und Produkte zu gestalten ist, sondern auch die Menschen im Unternehmen sowie potenzielle Bewerber und damit ggf. zukünftige Mitarbeiter integrieren muss.

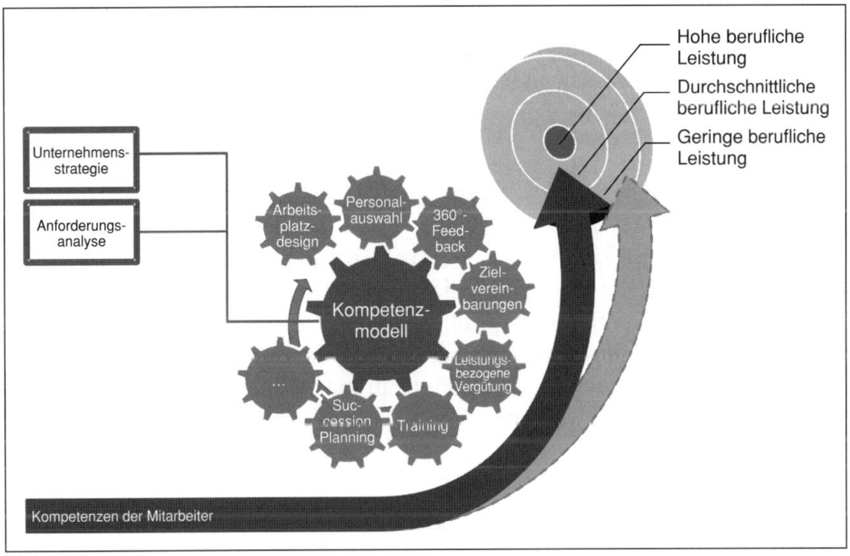

Abbildung 2:
Einbettung und Wirkung von Kompetenzmodellen

Abbildung 2 soll verdeutlichen, dass die Inhalte eines Kompetenzmodells in viele Personalinstrumente integriert werden können, die wiederum das Ausmaß der im Unternehmen insgesamt vorhandenen Kompetenzen sukzessive steigern können. Ein Dienstleister, der zukünftig sehr viel proaktiver auf Kunden zugehen möchte, wird dies sinnvollerweise nicht nur im Kompetenzmodell berücksichtigen (z. B. indem Proaktivität dort als Anforderungsmerkmal aufgenommen wird). Dies alleine würde natürlich noch nicht zu einer Veränderung im Unternehmen führen. Machte man jedoch Proaktivität zum Bestandteil aller HR-Instrumente, würde dies nach und nach zu einer höheren Proaktivität im Unternehmen beitragen.

Fazit

Mithilfe eines Kompetenzmodells können viele HR-Maßnahmen nach den aktuellen und zukünftigen Anforderungen sowie der Unternehmensstrategie ausgerichtet werden.

Monetärer Nutzen

Studien, die belegen, dass eine Vernetzung der Personalsysteme einen Vorteil für Unternehmen bietet, liegen derzeit jedoch nicht vor. Zwar führt Steinmayr (2005) Studien auf, die eine Steigerung des Marktwertes durch integrierte Personalsysteme von 15 000 bis zu 45 000 $ pro Mitarbeiter (Davidson, Worrell & Fox, 1996; Huselid & Becker, 1996; zitiert nach Steinmayr, 2005) berichten, weist aber selbst darauf hin, dass diese Studien nicht explizit die Effektivität von Kompetenzmodellen prüfen. Zukünftig ist es wünschenswert, den Nutzen von Kompetenzmodellen explizit zu prüfen. Letztlich ist dies auch vor dem Hintergrund des mit der Erstellung von Kompetenzmodellen verbundenen Aufwands erstrebenswert.

1.4.3 Kommunikationsinstrument

Einheitliches „Wording" wird etabliert

Kompetenzmodelle stellen ein wichtiges Kommunikationsinstrument im Unternehmen dar. Sie explizieren die Anforderungen, die das Unternehmen an seine Mitarbeiter hat, transportieren eine Strategie und ermöglichen den Mitarbeitern, sich mit anstehenden Herausforderungen vertraut zu machen (z. B. indem sich potenzielle Einsteiger in eine Führungslaufbahn mit den Führungskompetenzen vertraut machen). Darüber hinaus etabliert man mit einem Kompetenzmodell ein allgemeines „Wording". Oft genug werden sonst unterschiedliche Kompetenzbegriffe für den gleichen Sachverhalt verwendet oder unterschiedliche Sachverhalte unter dem gleichen Kompetenzbegriff zusammengefasst.

Zusammenfassung

- Ein Kompetenzmodell ist eine Beschreibung von Kompetenzen, die (heute oder in Zukunft) für eine Organisation relevant sind.
- Kompetenzen bilden die Oberflächenstruktur von Kompetenzmodellen und sind breite Einheiten, die aus mehreren Anforderungsmerkmalen (Fähigkeiten, Fertigkeiten und anderen Merkmalen) bestehen.
- Diese Anforderungsmerkmale bilden zusammen mit den dazugehörigen konkreten Verhaltensweisen die Tiefenstruktur eines Kompetenzmodells.
- Der Aufwand zur Entwicklung und Einführung eines Kompetenzmodells kann unterschiedlich umfangreich gestaltet werden.

- Ziel jedes Kompetenzmodells sollte es sein, verschiedene HR-Systeme so zu verzahnen, dass diese gemeinsam eingesetzt werden, um das Unternehmen erfolgreicher zu machen (siehe Abbildung 2).
- Darüber hinaus dienen Kompetenzmodelle der Kommunikation von Erwartungen an die Mitarbeiter und von Strategien des Unternehmens.

2 Modelle

Während in Kapitel 1 eine Einordnung der Begrifflichkeiten und ein kurzer Überblick über ähnliche Begriffe erfolgte, liegt in diesem Kapitel der Schwerpunkt auf der Darstellung psychologischer Hintergrundinformationen, die bei der Entwicklung von Kompetenzmodellen wichtig sind. Leser, die einen schnellen Überblick über die relevanten Informationen in den einzelnen Unterkapiteln erlangen möchten, finden eine kurze Zusammenfassung zu Beginn jedes Unterkapitels. Die Hintergrundinformationen betreffen die folgenden fünf Bereiche:

- Arbeits- und Anforderungsanalysen,
- Modelle zur Beschreibung psychologischer Eigenschaften,
- Modelle zur Beschreibung relevanter Kompetenzen für ausgewählte berufliche Tätigkeiten,
- Modelle zur Beschreibung berufsbezogener Leistungen.

Diese Bereiche spielen in verschiedener Form zusammen und sollten berücksichtigt werden bei der Entwicklung eines Kompetenzmodells. Daher widmen wir uns in diesem Kapitel noch einmal ausführlicher den verschiedenen theoretischen Herangehensweisen der Arbeits- und Anforderungsanalyse.

Unterschiedliche Modelle zur Beschreibung psychologischer Eigenschaften

Es existieren verschiedene Modelle zur Beschreibung psychologischer Eigenschaften im Allgemeinen sowie zur Beschreibung psychologischer Eigenschaften im beruflichen Kontext. Wenn diese Eigenschaften relevant sind für die Leistung in bestimmten beruflichen Tätigkeitsbereichen, dann sprechen wir von Anforderungsmerkmalen. Wie bereits mehrfach erwähnt, bilden diese die Tiefenstruktur von Kompetenzmodellen. Daher widmen wir uns in diesem Kapitel auch verschiedenen Modellen zur Beschreibung menschlicher Eigenschaften, um den Leser mit den psychologisch etablierten Begrifflichkeiten vertraut zu machen.

Bislang haben wir immer ganz global von „Relevanz im Beruf“ oder „Relevanz in bestimmten Tätigkeitsbereichen“ gesprochen. Damit haben wir Bezug genommen auf berufliche Leistungen im Allgemeinen. Allerdings ist offensichtlich, dass man berufliche Leistungen auch differenziert betrachten kann und dies auch tun sollte. Einen Kollegen bei der Bewältigung von dessen Aufgaben zu unterstützen, kann ebenso relevant und wertvoll sein wie das Erreichen der eigenen Kernziele, wie etwa die zu Jahresbeginn vereinbarten Umsatzzahlen. Andererseits sind gerade für diese beiden Beispiele durchaus andere Anforderungen und Kompetenzen relevant. Daher werden wir in Kapitel 2.3 näher auf Modelle zur Beschreibung bestimmter beruflicher Leistungen eingehen, bevor wir ein allgemeines Kompetenzmodell vorstellen.

In Kapitel 2 sollen unter anderem die folgenden Fragen beantwortet werden:
- Was leisten Arbeits- und Anforderungsanalysen? Welche Formen der Arbeits- und Anforderungsanalyse unterscheidet man?
- Welche Modelle psychologischer Eigenschaften, die auch im Berufsleben eine Rolle spielen, gibt es?
- Welche Modelle zur Beschreibung von beruflichen Leistungen gibt es?

2.1 Grundlegendes zu Arbeits- und Anforderungsanalysen

Überblick über die wichtigsten Inhalte dieses Abschnitts

- Mithilfe von Arbeits- und Anforderungsanalysen kann man die Tiefenstruktur von Kompetenzmodellen ermitteln.
- Es kann zwischen Aufgaben- und Ergebnisanforderungen (z. B. Durchführung von Mitarbeitergesprächen, Erhöhung der Umsatzzahlen), Verhaltensanforderungen (z. B. verbindlich auftreten) und Eigenschaftsanforderungen (z. B. Gewissenhaftigkeit, Intelligenz) unterschieden werden.
- Als Wege zur Ermittlung von Anforderungen bietet sich an: Befragung von Experten (= erfahrungsbasiert-intuitive Methode), systematische Analyse des Arbeitsplatzes/der Tätigkeit (= arbeitsplatzanalytisch-empirische Methode), sowie Ermittlung des Zusammenhangs zwischen Merkmalen der Person und beruflichen Leistungen (personenbezogen-empirische Methode). Für letztere Methode bietet es sich ebenfalls an, einschlägige wissenschaftliche Untersuchungen zu berücksichtigen, die diesen Zusammenhang bereits geprüft haben.

Ebenen der Arbeits- und Anforderungsanalyse

Bereits in Kapitel 1.2.5 wurden der Unterschied bzw. die Gemeinsamkeiten zwischen Arbeits- und Anforderungsanalysen und Kompetenzmodellen erörtert. Mit Arbeits- und Anforderungsanalysen können berufsrelevante Anforderungen (d. h. berufsrelevante psychologische Eigenschaften) ermittelt werden. Es wurde ebenfalls bereits erwähnt, dass Anforderungen auf drei Ebenen ermittelt werden können – auf der Eigenschaftsebene, der Verhaltensebene sowie auf der Aufgaben- und Ergebnisebene (Schuler & Höft, 2004b). Dabei zielt man auf der *Eigenschaftsebene* darauf ab, relevante Eigenschaften, wie z. B. Gewissenhaftigkeit oder Flexibilität, also Merkmale der Person, zu ermitteln. Das Ergebnis einer Arbeits- und Anforderungsanalyse auf der *Verhaltensebene* sind Verhaltensweisen, die zur erfolgreichen Bewältigung einer beruflichen Tätigkeit unerlässlich bzw. sinnvoll sind. Wie der Begriff schon sagt, wird auf der *Aufgaben- und Ergebnisebene* analysiert, welche Aufgaben und Ergebnisse eine Tätigkeit mit sich bringt und welche grundsätzlichen Anforderungen daraus entstehen. Beispielhafte Ergebnisse der verschiedenen Ebenen der Arbeits- und Anforderungsanalyse sind in Abbildung 3 dargestellt.

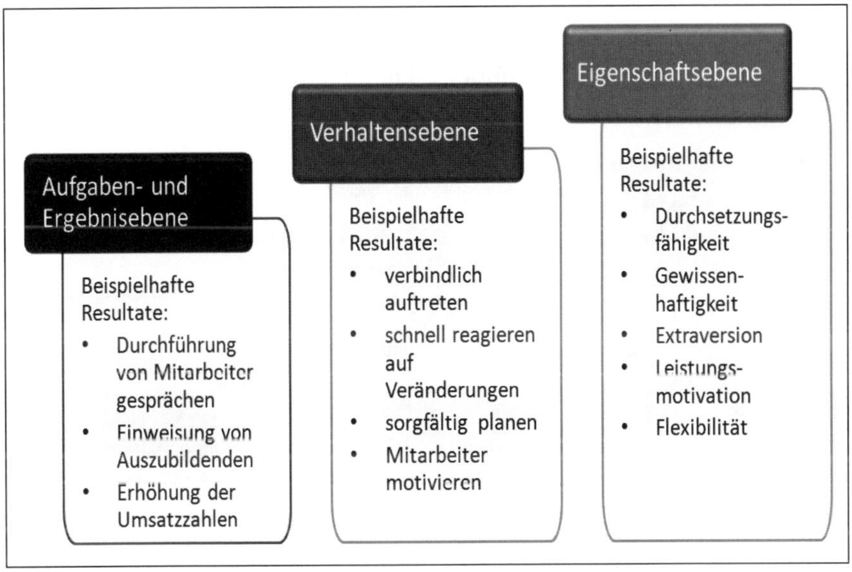

Abbildung 3:
Drei Ebenen der Arbeits- und Anforderungsanalyse

Alle drei Ebenen sind nützlich bei der Ermittlung von Anforderungen. So lässt sich aus den Resultaten der *Aufgaben- und Ergebnisebene* leicht ableiten, welche grundlegenden Qualifikationen und Kenntnisse ein Mitarbeiter haben sollte. Beispielsweise könnte das Einweisen von Auszubildenden erfordern, dass man von der Industrie und Handelskammer (IHK) als Ausbilder zertifiziert ist; die Durchführung von Mitarbeitergesprächen erfordert Basis-Kenntnisse darüber, wie ein solches Gespräch aufgebaut und geführt werden sollte. In ein Kompetenzmodell können solche Ergebnisse als Basisqualifikationen oder Fachkompetenzen einfließen.

Verhaltensebene ist konkret

Resultate auf der *Verhaltensebene* haben den Vorteil, dass sie sehr konkret sind. Damit sind sie sehr gut geeignet, um plastisch darzustellen, was in einer bestimmten beruflichen Tätigkeit gefordert ist und wie man dies am besten umsetzt. Resultate der Verhaltensebene können in ein Kompetenzmodell einfließen, indem sie zur konkreten und verhaltensnahen Illustration der jeweiligen Anforderungen bzw. Kompetenzen herangezogen werden.

Eigenschaften als stabile Merkmale

Resultate der *Eigenschaftsebene* stellen in der Regel psychologische Merkmale einer Person dar, die über die Zeit stabil sind. Sie sind zwar weniger konkret, aber gerade wegen ihrer größeren Globalität kann man in der Regel davon ausgehen, dass sie für viele berufliche Situationen und Tätigkeiten gelten. Abbildung 4 veranschaulicht, wie die Resultate der verschiedenen Ebenen in ein Kompetenzmodell einfließen können.

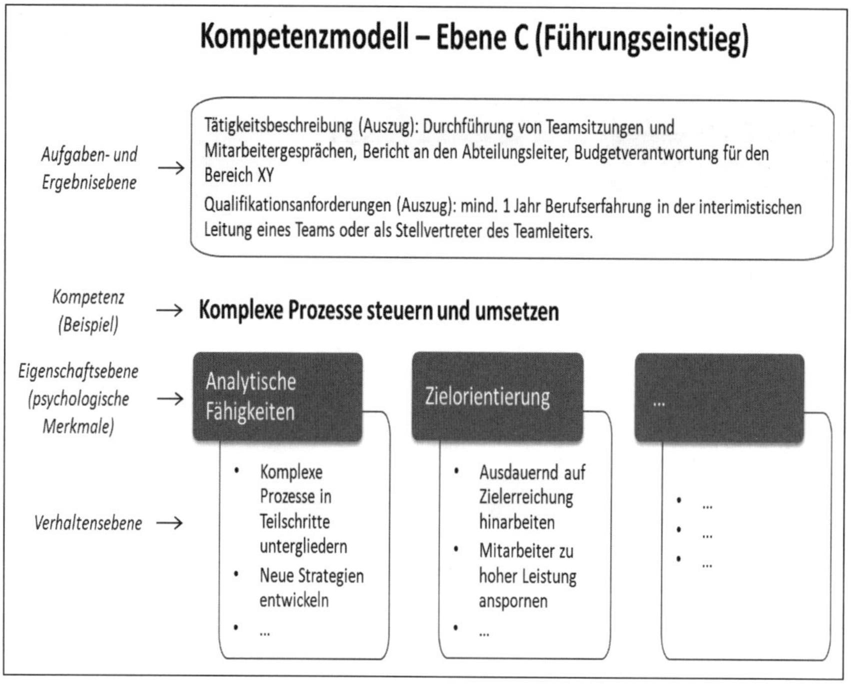

Abbildung 4:
Einbezug verschiedener Ebenen der Arbeits- und Anforderungsanalyse in ein Kompetenzmodell

Drei Herangehensweisen

Bislang haben wir die Ebenen beschrieben, auf denen Arbeits- und Anforderungsanalysen ansetzen können. Daneben unterscheidet man drei prinzipielle Möglichkeiten, um etwas über relevante Tätigkeitsmerkmale und Anforderungen zu erfahren. Diese werden im Folgenden kurz dargestellt.

Vorgehensweisen der Arbeits- und Anforderungsanalyse
– erfahrungsbasiert-intuitiv – arbeitsplatzanalytisch-empirisch – personenbezogen-empirisch (Schuler, 2000)

Erfahrungsbasiert-intuitiv

Bei der *erfahrungsbasiert-intuitiven* Vorgehensweise befragt man sogenannte Subject-Matter-Experts (SMEs, also Experten auf dem jeweiligen Gebiet, für das Anforderungen ermittelt werden sollen) dazu, welche Anforderungen für eine bestimmte berufliche Tätigkeit wohl relevant seien. Diese Form der Anforderungsanalyse kann einzeln in Form von Interviews oder in Gruppen als Workshops durchgeführt werden. Die auf Basis eines solchen Vorgehens entwickelten Kompetenzmodelle werden häufig auch als normativ entwickelte Modelle bezeichnet.

Die Critical-Incident-Technik wird gerne als eine Möglichkeit der erfahrungsbasiert-intuitiven Vorgehensweise herangezogen. Diese Technik basiert im Wesentlichen darauf, dass Experten nach besonders positiven und besonders negativen Beispielen für relevante Verhaltensweisen der Arbeitsplatzinhaber befragt werden (vgl. S. 107).

Arbeitsplatzanalytisch-empirisch

Bei der *arbeitsplatzanalytisch-empirischen* Vorgehensweise versucht man mithilfe von standardisierten Instrumenten (Checklisten, Fragebögen) wichtige Charakteristika des Arbeitsplatzes zu ermitteln, um dann im nächsten Schritt auf die Anforderungen an Arbeitsplatzinhaber zu schließen, die aufgrund dieser Charakteristika entstehen.

Personenbezogen-empirisch

Bei der *personenbezogen-empirischen* Vorgehensweise schließt man aufgrund von Eigenschaften der Arbeitsplatzinhaber auf relevante Anforderungen. Eine Möglichkeit, dies zu tun, besteht darin, wesentliche Merkmale (z. B. deren Motivation oder Wissen) erfolgreicher und nicht erfolgreicher Arbeitsplatzinhaber systematisch zu erfassen und gegenüberzustellen. Erfolgreiche und weniger erfolgreiche Arbeitsplatzinhaber sollten sich in den Eigenschaften unterscheiden, die für den Erfolg im jeweiligen Tätigkeitsbereich relevant sind.

Beispiel

Anstatt zwei Gruppen zu vergleichen (High-Performer vs. Low-Performer), kann man auch alle relevanten Mitarbeiter einzeln betrachten und die berufliche Leistung der Ausprägung in einem relevanten Merkmal gegenüberstellen. In Abbildung 6 ist dies geschehen, sie stellt ein Streudiagramm dar, in dem jeder Punkt für eine einzelne Person steht. Dieses Streudiagramm ist einer tatsächlichen empirischen Untersuchung von Auszubildenden entnommen (Schmidt-Atzert, Deter & Jaeckel, 2004). Man sieht deutlich, dass die Wahrscheinlichkeit, viele Punkte in der IHK-Kenntnisprüfung (berufli-

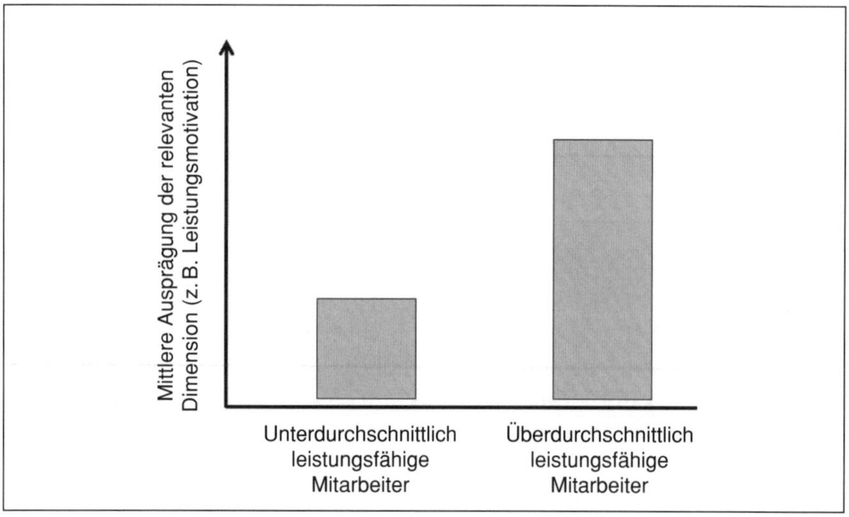

Abbildung 5:
Unterschiede zwischen unterdurchschnittlich und überdurchschnittlich leistungsfähigen Mitarbeitern

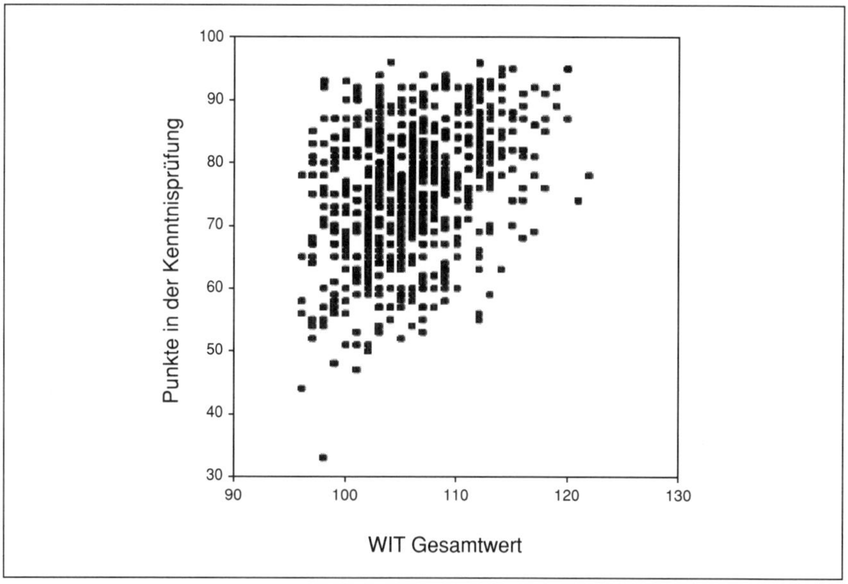

Abbildung 6:
Darstellung des Zusammenhangs zwischen Intelligenztestwert und Kenntnisprüfung am Ende einer Ausbildung (aus Schmidt-Atzert et al., 2004)

ches Leistungskriterium) zu erlangen, höher ist, wenn die Auszubildenden über hohe Intelligenztestwerte (Gesamtwert im *Wilde-Intelligenz-Test, WIT*, Jäger & Althoff, 1994, hier als relevantes Merkmal herangezogen) verfügten – hier liegen die Punkte alle in einem oberen Bereich. Bei niedrigen Intelligenztestwerten hingegen streuen die Punkte über eine große Fläche – die Wahrscheinlichkeit einer guten Note in der Kenntnisprüfung ist geringer. Dies impliziert zweierlei: Zum einen wird deutlich, dass Intelligenz eine relevante Anforderung ist – Menschen mit höheren Intelligenztestergebnissen schneiden in der Kenntnisprüfung tendenziell besser ab als Menschen mit geringeren Intelligenztestergebnissen. Zum anderen zeigt dieses Streudiagramm auch, dass Intelligenz nicht das einzige relevante Anforderungsmerkmal ist. Dies wird vor allem bei Menschen mit geringeren Intelligenztestergebnissen deutlich (linker Bereich der Grafik), einige von diesen Personen erreichen dennoch eine gute oder sogar sehr gute Leistung in der Kenntnisprüfung (Bereich links oben in der Grafik). Das deutet darauf hin, dass eine geringere Intelligenz durch andere Merkmale, die ebenfalls für den Erfolg in der Kenntnisprüfung relevant sind, kompensierbar ist (z. B. eine gewissenhafte Vorbereitung).

Metaanalysen als Quelle sinnvoll

Ein Vorteil der personenbezogen-empirischen Vorgehensweise liegt darin, dass man nicht zwingend empirische Untersuchungen im eigenen Unternehmen durchführen muss. Es ist auch möglich, sich wissenschaftliche Studien anzuschauen, die die für das eigene Unternehmen relevanten Merkmale untersuchen. Wird in solchen Studien ein Zusammenhang zwischen dem Merkmal und einer beruflichen Leistung gefunden, die auch im eigenen Unternehmen gefordert ist, ist dies ein erster Hinweis, dass das untersuchte Merkmal auch für einen selbst relevant sein könnte. Eine gute Strategie ist dabei, sich nicht auf einzelne wissenschaftliche Studien zu verlassen, sondern sich vor allem sogenannte *Metaanalysen* anzuschauen. Die in Metaanalysen veröffentlichten Ergebnisse sind in der Regel belastbarer als die Ergebnisse aus einzelnen Studien.

Einschub: Metaanalysen

Metaanalysen aggregieren die Erkenntnisse aus vielen einzelnen Studien und berechnen – im Falle der Eignungsdiagnostik – den über diese Studien gemittelten Zusammenhang zwischen einem Merkmal (z. B. Intelligenz) und beruflichen Leistungskriterien. Die so ermittelten Werte basieren daher auf Daten von oftmals mehr als 10 000 Teilnehmern und können mit einiger Berechtigung als aussagekräftig angesehen werden. Besonders viele Metaanalysen liegen für den Zusammenhang von Intelligenz und beruflichen Leistungen bzw. Leistungen in der Berufsausbildung vor (z. B. Hülsheger, Maier, Stumpp & Muck, 2006; Kramer, 2009; Schmidt & Hunter, 1998).

2.2 Modelle zur Beschreibung menschlicher Eigenschaften

Überblick über die wichtigsten Inhalte dieses Abschnitts

- Der Eigenschaftsansatz in der Psychologie kommt zu dem Fazit, dass menschliche Eigenschaften im Wesentlichen durch fünf globale Dimensionen (Extraversion, Emotionale Stabilität, Gewissenhaftigkeit, Offenheit für Erfahrungen und Verträglichkeit) zu beschreiben sind.
- Ob Menschen ein bestimmtes Verhalten zeigen (z. B. Unterstützung von Kollegen), hängt auch von ihren Einstellungen ab.
- Motive, Werte und Interessen sind ein bedeutsamer „Treiber" menschlicher Handlungen. Im beruflichen Kontext erwies sich vor allem die Passung zwischen diesen Treibern und den Gegebenheiten im Beruf (sog. Person-Job-Fit oder Person-Organisation-Fit) als wichtig für die Zufriedenheit von Mitarbeitern und ihre Identifikation mit dem Unternehmen (z. B. Shin, 2004).
- Wie leistungsfähig unser Gehirn im Allgemeinen ist – man bezeichnet dies auch als allgemeine kognitive Leistungsfähigkeit oder (allgemeine) Intelligenz – ist wichtig für viele Bereiche des Lebens, auch im Beruf und ganz besonders dann, wenn Berufe komplex sind. Diese Fähigkeit sollte daher in keinem Kompetenzmodell fehlen.

Lange Tradition der „Eigenschafts"-Forschung

Wir haben bereits festgestellt, dass Kompetenzen in der Regel alltagsnah formuliert sind und nur über den Umweg der Tiefenstruktur mit etablierten Begriffen aus der Psychologie in Verbindung gebracht werden. Daher kann man für Kompetenzen per se nur wenige Erkenntnisse aus der Forschung heranziehen, z. B. hinsichtlich brauchbarer Messinstrumente. Allerdings ist dies für die Tiefenstruktur von Kompetenzmodellen anders, sie basiert auf Anforderungen. Anforderungen sind psychologische Merkmale, die relevant sind für berufliche Leistungen. Die Beschreibung menschlichen Verhaltens anhand von psychologischen Merkmalen, also Eigenschaften, hat in der Psychologie eine lange Tradition. Wenn man daher bestimmte Eigenschaften in ein Kompetenzmodell aufnehmen möchte, dann muss man das Rad nicht immer neu erfinden, sondern kann sich (soweit möglich) an etablierten Begriffen und Modellen orientieren. Dies hat den Vorteil, dass dann auf die entsprechenden Forschungsergebnisse und Messverfahren wie Tests und Interviews zurückgegriffen werden kann. Dieser Abschnitt soll einen kurzen Überblick über etablierte Modelle zur Beschreibung psychologischer Eigenschaften geben. Es werden zu diesen Eigenschaften auch jeweils exemplarisch Messinstrumente angegeben, mithilfe derer eine Erfassung der Merkmale möglich ist.

2.2.1 Persönlichkeit

Aus unseren eigenen Beobachtungen im Alltag wissen wir, dass sich Personen deutlich voneinander unterscheiden, z. B. in der Art wie sie kommunizieren, wie herzlich sie sind, wie engagiert sie sich einer Aufgabe widmen, wie schnell sie beleidigt sind. Die hier dargestellten Ansätze dienen der Beschreibung von zugrunde liegenden Faktoren, die Unterschiede im menschlichen Verhalten ausmachen.

Interessierte Leser finden in dem Band *Personalauswahl und -entwicklung mit Persönlichkeitstests* (Hossiep & Mühlhaus, 2005) oder in dem Buch *Personality and Intelligence at Work* (Furnham, 2008) vertiefte Einblicke in die berufsrelevanten Aspekte der Persönlichkeitspsychologie.

Eigenschaften

Big Five

Der Eigenschaftsansatz geht davon aus, dass Verhaltensmuster einer Person durch in der Person fest verwurzelte Eigenschaften zustande kommen. Da unsere Sprache jedoch schier endlos viele Eigenschaftsbegriffe kennt, hat man durch aufwendige Analysen fünf zentrale Eigenschaften herausgearbeitet, anhand derer Menschen im Wesentlichen zu unterscheiden sind – die sogenannten *Big Five*.

Tabelle 2:
Die Big Five – Fünf Dimensionen zur Beschreibung der Persönlichkeit

Big Five	Merkmale für hohe Ausprägung
Extraversion	herzlich, gesellig, durchsetzungsfähig, aktiv, hungrig nach Erlebnissen, frohsinnig
Emotionale Stabilität (Neurotizismus)	ängstlich, traurig, schamhaft und verlegen, impulsiv, verletzlich
Gewissenhaftigkeit	kompetent, ordentlich und systematisch, pflichtbewusst, leistungsstrebend, selbstdiszipliniert, besonnen
Verträglichkeit	vertrauensvoll, freimütig, altruistisch, entgegenkommend, bescheiden, gutherzig
Offenheit für Erfahrungen	phantasievoll, wertschätzend für Kunst und Schönheit, empfänglich für Gefühle und Emotionen, offen für neuartige Aktivitäten, aufgeschlossen gegenüber neuen Ideen, kritisch gegenüber etablierten Werten

Anmerkung: Die Merkmale sind angelehnt an die Facetten der Big Five, wie sie im *NEO-PI-R* (Ostendorf & Angleitner, 2004) enthalten sind.

Tests zur Erfassung der Big Five

Die Ausprägung einer Person auf diesen fünf Persönlichkeitsmerkmalen kann mit verschiedenen Persönlichkeitstests erfasst werden. Als Beispiel für einen Persönlichkeitstest sei hier das *NEO-Persönlichkeitsinventar nach Costa und McCrae, Revidierte Fassung, NEO-PI-R* (Ostendorf & Angleitner, 2004) erwähnt. Dieses Instrument besteht aus 240 Aussagen. Eine Beispielaussage lautet: „Ich habe oft Spaß daran, mit Theorien oder abstrakten Ideen zu spielen.“. Jeder, der diesen Test ausfüllt, kann für sich selbst überlegen, inwiefern diese und weitere Aussagen zutreffen und dies durch Ankreuzen einer der fünf Kategorien („starke Ablehnung“ – „Ablehnung“ – „neutral“ – „Zustimmung“ – „starke Zustimmung“) deutlich machen. Eine sehr ökonomische Kurzversion zur Messung der Big Five bestehend aus nur 21 Fragen steht ebenfalls zur Verfügung (Rammstedt & John, 2005).

Zusammenhang der Big Five mit Berufserfolg

Furnham (2008) fasst einige der aussagekräftigsten Studien zusammen, die sich mit der Relevanz der hier dargestellten Big Five für berufliche Leistungen beschäftigen. Er resümiert, dass sich tendenziell zeigt: Je gewissenhafter Menschen sind, desto erfolgreicher sind sie im Beruf. Weniger einheitlich zeigt sich das Bild hinsichtlich der anderen Faktoren des Big-Five-Modells. Einige, aber nicht alle Studien, berichten einen ähnlichen Vorteil für emotional stabile und extravertierte Personen. Dies hängt natürlich auch von der beruflichen Tätigkeit ab, in der Leistungen erbracht werden sollen. So zeigen Barrick und Kollegen (Barrick, Steward & Piotrowski, 2002), dass insbesondere bei Mitarbeitern im Vertrieb und Führungskräften eine hohe Extraversion eher dazu führt, dass diese erfolgreich sind. Allerdings kann man hier insgesamt nur von niedrigen bis mittleren Zusammenhängen sprechen, andere Auswahlkriterien zeigen zumeist deutlich höhere Werte für deren Zusammenhang zu beruflicher Leistung (Schmidt & Hunter, 1998).

Extraversion und Verkaufserfolg

An den Universitäten von Bonn und Florida (Blickle, Wendel & Ferris, 2010) wurde der Zusammenhang zwischen Extraversion und Verkaufserfolg näher untersucht. Es konnte anhand einer Studie mit 112 Automobil-Verkäufern gezeigt werden, dass Menschen mit hoher Extraversion nur dann tatsächlich mehr Autos verkauften, wenn sie gleichzeitig über ein hohes Maß an sozialer Kompetenz verfügten (hier mit PSI für „Political Skill Inventory“ bezeichnet). Im Gegenzug erwies sich ein hohes Maß an Extraversion sogar als nachteilig, wenn diese Personen gleichzeitig nur über eine geringe soziale Kompetenz verfügten.

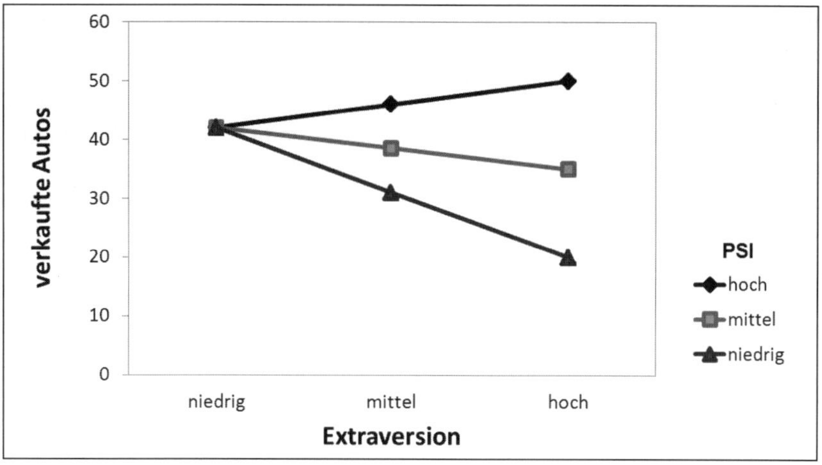

Abbildung 7:
Zusammenhang zwischen Extraversion und Anzahl verkaufter Autos je nach Ausmaß der Political Skills (PSI); Abbildung aus: Blickle et al., 2010, S. 332

Zusammenfassung: Der Eigenschaftsansatz in der Psychologie kommt zu dem Fazit, dass menschliche Eigenschaften im Wesentlichen durch fünf globale Dimensionen, die Big Five (Extraversion, Emotionale Stabilität, Gewissenhaftigkeit, Offenheit für Erfahrungen und Verträglichkeit), zu beschreiben sind. Die Dimension Gewissenhaftigkeit wird am häufigsten mit beruflichen Leistungen in Verbindung gebracht (Furnham, 2008).

Zusammenfassung

Für Entwickler von Kompetenzmodellen mag es nützlich sein, die Big Five zu kennen, um diese sowie die ggf. mit diesen Dimensionen eng verknüpften Kompetenzen (z. B. Teamfähigkeit) zu berücksichtigen. Zudem existiert zu den Big Five viel Forschung, die sich mit deren Relevanz für berufliche Leistungskriterien beschäftigt und die durchaus aufschlussreich sein kann (siehe obiges Beispiel bezüglich Extraversion und Anzahl der verkauften Autos). Darüber hinaus stehen viele etablierte Persönlichkeitstests zur Diagnostik der Big Five zur Verfügung (siehe Hossiep & Mühlhaus, 2005).

Forschungsergebnisse verfügbar

Kognitive Aspekte der Persönlichkeit

Der kognitive Ansatz der Persönlichkeit geht davon aus, dass die Art und Weise, wie Menschen über sich und die Welt denken, deren Verhalten maßgeblich beeinflusst. Im Folgenden sollen drei Bereiche kurz erläutert werden: Einstellungen, Kontrollüberzeugungen und Selbstwirksamkeitserwartung.

Einstellungen

Mit *Einstellungen* meint man die globale, positive oder negative Haltung gegenüber einem bestimmten Verhalten. Es ist leicht nachzuvollziehen, dass solche Einstellungen beeinflussen, wie man sich tatsächlich verhält. In der Literatur werden unzählige Einstellungen erwähnt und untersucht, z. B. gegenüber flexibler Arbeitszeit, dem Gehalt, Aufstiegschancen, der Nutzung von Videokonferenzsystemen. Die Relevanz von Einstellungen liegt auf der Hand: Wenn meine globale Haltung gegenüber Besprechungen mittels Videokonferenzsystemen negativ ist, werde ich diese Technologie dafür wohl auch nicht nutzen.

Internale versus externale Kontrollüberzeugungen

Ein weiteres Konzept im Rahmen des kognitiven Ansatzes der Persönlichkeit stellen internale und externale *Kontrollüberzeugungen* dar. Menschen mit hoher internaler Kontrollüberzeugung glauben daran, dass Erfolg im Wesentlichen durch eigene Anstrengung zu erreichen ist. Menschen mit hoher externaler Kontrollüberzeugung sind überzeugt, dass Erfolg im Wesentlichen durch Zufall, Glück oder andere Umstände zustande kommt, also nicht selbst herbeizuführen ist.

Zusammenhang von Kontrollüberzeugungen mit Berufserfolg

Es existiert tatsächlich ein Zusammenhang zwischen internaler/externaler Kontrollüberzeugung und beruflichen Leistungen. Judge und Bono (2001) sowie Ng, Sorensen und Eby (2006) zeigten in ihren Metaanalysen, dass Menschen mit höherer internaler Kontrollüberzeugung bessere berufliche Leistungen erbringen, sowie motivierter und zufriedener mit ihrer Tätigkeit sind.

FKK – Fragebogen zu Kompetenz- und Kontrollüberzeugungen

Mit dem *Fragebogen zu Kompetenz- und Kontrollüberzeugungen* (*FKK*, Krampen, 1991) steht ein Messinstrument zur Verfügung, mit dem die Kontrollüberzeugungen von Personen erfasst werden können. Dazu werden Aussagen wie „Ich habe das Gefühl, dass vieles von dem, was in meinem Leben passiert, von anderen Menschen abhängt“ durch Ankreuzen einer von sechs Antwortkategorien (von „sehr falsch“ bis „sehr richtig“) bearbeitet. Explizit auf den beruflichen Bereich bezogene Kontrollüberzeugungen können mit der deutschen Version des Kurzfragebogens „Work Locus of Control“ erfasst werden (Büssing & Glaser, 1998, zitiert nach König, Debus, Häusler, Lendenmann & Kleinmann, 2010).

Selbstwirksamkeitserwartung

Ein ähnliches Konzept wie die Kontrollüberzeugung stellt die *Selbstwirksamkeitserwartung* dar. Sie beschreibt, inwiefern Menschen sich selbst als fähig wahrnehmen, eine bestimmte Situation erfolgreich zu meistern. Menschen mit hoher Selbstwirksamkeitserwartung strengen sich eher an, um ein Ziel zu erreichen und sind ausdauernder bei der Suche nach der Lösung für ein Problem. Verschiedene Studien konnten zeigen, dass eine hohe Selbstwirksamkeitserwartung vor allem dann hilfreich ist, wenn es im beruflichen Umfeld mal nicht besonders „rund“ läuft (siehe König et al., 2010).

Berufsbezogene Selbstwirksamkeitserwartung lässt sich z. B. messen durch einen Fragebogen von Schyns und von Collani (2002). Eine beispielhafte Aussage ist „Ich bin in der Lage, die meisten beruflichen Anforderungen zu bewältigen".

Zusammenfassung

Zusammenfassung: Bei dem kognitiven Ansatz der Psychologie geht man davon aus, dass Einstellungen, Kontrollüberzeugungen und Selbstwirksamkeitserwartungen von Menschen einen wesentlichen Einfluss auf deren Verhalten und Erleben haben.

Bezug zu Kompetenzmodellen

Was sagen Ihnen diese Ausführungen, wenn Sie ein Kompetenzmodell entwickeln möchten? Die hier aufgeführten Überzeugungen und Einstellungen, die bei Menschen unterschiedlich stark ausgeprägt sind, können zunächst einmal dabei helfen, ein Phänomen zu erklären, das Ihnen bekannt sein dürfte: Mitarbeiter, die eigentlich in der Lage sind, eine bestimmte Leistung zu erbringen, nehmen diese nicht oder nur zögerlich in Angriff oder geben nach einigen Anstrengungen schnell wieder auf. Möglicherweise ist dies durch eine negative Einstellung gegenüber der Tätigkeit zu erklären. Oder durch die Einschätzung, diese Leistung ohnehin nicht erfolgreich erbringen zu können. Daher ist bei jeder Kompetenz in einem Kompetenzmodell folgendes zu bedenken: Mitarbeiter sollten nicht nur über eine Kompetenz verfügen, d. h. in der Lage sein, die entsprechenden Leistungen zu erbringen, sondern auch die notwendigen Einstellungen und Überzeugungen in Bezug auf diese Kompetenz mitbringen. Nehmen wir als Beispiel einmal die Kompetenz „Führen und Entscheiden". Neben vielen wichtigen Techniken, Kenntnissen, Fähigkeiten und Fertigkeiten ist erfolgreiches Verhalten immer auch determiniert durch eine positive Einstellung gegenüber dem Verhalten und der Überzeugung, dies auch erfolgreich umsetzen zu können. Eine Führungskraft, die aufgrund von Vorgaben des Unternehmens einen partizipativen Führungsstil anwenden soll, wird nur schwerlich erfolgreich sein können, wenn ihr dieser Führungsstil widerstrebt, sie also eine negative Einstellung gegenüber diesem hat. Ganz ähnlich verhält es sich mit Motiven, die als nächstes dargestellt werden.

Motive

Leistungs-, Macht- und Anschlussmotiv

Der Motivationsansatz der Persönlichkeit geht davon aus, dass Menschen sich hinsichtlich verschiedener Motive unterscheiden. Motive sind innere Kräfte, die steuern, welche Ziele uns „reizen" und was uns antreibt. Der Psychologe Henry Murray (1951) entwickelte eine Taxonomie von 20 verschiedenen Motiven (Murray nannte sie „Needs", also Bedürfnisse), die nach wie vor relevant sind. Allerdings hat sich die Forschung im Wesentlichen auf drei Motive konzentriert: das Leistungs-, das Macht- und das Anschlussmotiv, für die auch Testverfahren zur Verfügung stehen.

Tabelle 3:
Beschreibung von Leistungs-, Anschluss- und Machtmotiv

Bedürfnis nach	Beschreibung
Leistung	Herausfordernde Aufgaben annehmen und bewältigen, Hindernisse überwinden, sich Expertise aneignen
Anschluss	Anderen nah sein, loyal sein, Freunde gewinnen, anderen gefallen
Macht	Kontrolle über und Einfluss auf das eigene Umfeld ausüben

Vielleicht kennen Sie den einen oder anderen Menschen in Ihrer Umgebung, der ein ausgeprägtes Bedürfnis nach Leistung oder Anschluss oder Macht hat. Meist fällt uns dies tatsächlich erst auf, wenn eine Person ein sehr ausgeprägtes Bedürfnis hat; in gewissem Umfang teilen wir sicher alle die hier dargestellten Bedürfnisse.

Needs-Supply-Fit

Die Passung dessen, was einer Person im Beruf wichtig ist, und des Ausmaßes, in dem sich diese Dinge in der beruflichen Tätigkeit wiederfinden, bezeichnet man als *Needs-Supply-Fit*. Eine Person, der es besonders wichtig ist, ihre eigenen Bedürfnisse voranzutreiben, wird nicht besonders glücklich an einem Arbeitsplatz, der dies nicht ermöglicht. Hier spricht man von einem „Mis-Fit". Unterschiedlichste Studien zeigen konsistent die Bedeutung eines hohen Fits für berufliche Leistungen und berufliche Zufriedenheit (z. B. Hoffman & Woehr, 2006). Krumm, Grube und Hertel (2012) untersuchten den Needs-Supply-Fit und legten ein besonderes Augenmerk auf ältere Arbeitnehmer. An einer umfangreichen Stichprobe von 471 Berufstätigen konnten sie zeigen, dass sich ein Mis-Fit hinsichtlich bestimmter Motive (z. B. Hilfeleistung) besonders deutlich auf die Berufszufriedenheit älterer Menschen auswirkt. Für die Erfassung berufsbezogener Motive steht ein Verfahren zur Verfügung, bei dem die verschiedenen Motive hinsichtlich der subjektiven Wichtigkeit sortiert werden sollen (*Ranking berufsbezogener Motive, RBM*, Grube, 2010).

Passung von Kompetenzen und Motiven zu beruflichen Gegebenheiten wichtig

Es empfiehlt sich also, nicht nur darauf zu achten, inwiefern Mitarbeiter über die notwendigen Kompetenzen verfügen (und diese gegebenenfalls zu entwickeln), sondern auch auf die Passung der persönlichen Motive eines Mitarbeiters zu den jeweiligen beruflichen Gegebenheiten zu achten. Ein Mitarbeiter, der prinzipiell über alle Kompetenzen verfügt, die eine Nachwuchsführungskraft haben sollte, aber ein geringes Wachstums- und Machtmotiv aufweist, wird wohl kaum über längere Zeit erfolgreich und zufrieden die Karriereschritte einer Führungskraft gehen.

Werte

Taxonomie der persönlichen Werte

Zu dem Motivationsansatz müssen auch persönliche Werte gezählt werden. Die psychologische Werteforschung wurde besonders von Shalom Schwartz (1992) geprägt. Er versteht persönliche Werte als leitende Prinzipien im

Leben eines Menschen. Bei seinem Ansatz werden zehn motivationale Wertetypen unterschieden, die sich wiederum zwei globalen Wertedimensionen zuordnen lassen.

Taxonomie der persönlichen Werte nach Schwartz (1992)

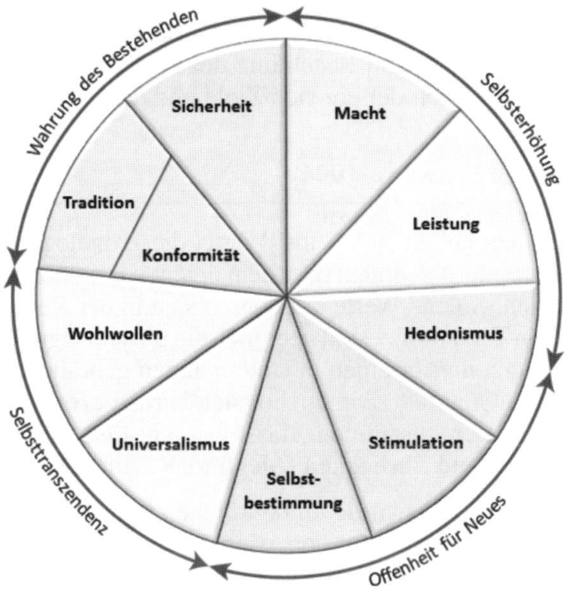

Macht: sozialer Status und Prestige, Kontrolle und Dominanz über Menschen und Ressourcen

Leistung: persönlicher Erfolg durch Kompetenzausübung gemäß sozialer Standards

Hedonismus: selbst erlebter Genuss und sinnliche Hingabe

Stimulation: Spannung, Neuheit, Herausforderungen

Selbstbestimmung: Unabhängigkeit des Denkens und Handelns

Universalimus: Verständnis, Bewunderung, Toleranz und Schutz des Wohles aller Menschen und der Natur

Wohlwollen: Schutz und Förderung des Wohles der Menschen, mit denen man in regem persönlichen Kontakt steht

Tradition: Respekt, Achtung und Akzeptanz der Bräuche und Ideen, die die traditionelle Kultur oder Religion an einen heran trägt

Konformität: Zurückhaltung von Impulsen, Aktionen und Neigungen, die andere aufregen oder schädigen könnten und die sozialen Normen verletzen

Sicherheit: Sicherheit, Harmonie und Stabilität der Gesellschaft, der Beziehungen und des Selbst

Übergeordnete Werte-Dimensionen, in die die einzelnen Werte integriert werden können

Offenheit für Neues vs. Wahrung des Bestehenden: Diese Dimension kontrastiert Werte, die auf Unabhängigkeit des Denkens und Handelns abzielen, mit Werten, die Selbst-Einschränkung, Traditionalität und Stabilität betonen.

Selbsterhöhung vs. Selbsttranszendenz: Diese Dimension kontrastiert Akzeptanz von anderen und Beachtung des Wohles aller auf der einen Seite mit dem Verfolgen der eigenen Ziele und des eigenen Erfolgs auf der anderen Seite.

(Quelle: Bilsky & Schwartz, 1994)

Werte von Unternehmen

Viele Unternehmen geben sich selbst Werte, die grundlegende Haltungen gegenüber Mitarbeitern, Kunden oder dem eigenen unternehmerischen Tun ausdrücken sollen. Solche Werte orientieren sich in der Regel nicht an der hier dargestellten Taxonomie, sind aber meist in diese integrierbar. Eine beispielhafte Bezeichnung für einen in Unternehmen gebräuchlichen Wert ist „kompromisslose Qualität". Die wichtigsten berufsbezogenen Werte können in vier Kategorien zusammengefasst werden: Leistung, Fairness, Unterstützung anderer und Ehrlichkeit (Meglino, Ravlin & Adkins, 1989).

Meist separate Modelle für Kompetenzen und Werte

Die Relevanz von Werten wurde im beruflichen Bereich vor allem in Hinblick auf die Übereinstimmung von Werten erforscht. Übereinstimmung kann dabei auf die Passung zwischen Person und Organisation abzielen, aber auch auf die Passung der persönlichen Werte und der Personen untereinander. Beispielsweise erwies sich die Passung der Werte von Teammitgliedern als wichtig für deren berufliche Zufriedenheit und hatte positive Auswirkungen auf Fehlzeiten und auf deren Leistung (Adkins, Ravlin & Meglino, 1996). Häufig halten Unternehmen die für sie wichtigen Werte nicht in ihrem eigentlichen Kompetenzmodell, sondern in einem separaten Modell fest (meist in Form eines Unternehmens-Leitbildes).

Short Schwartz Value Survey

Die individuelle Ausprägung der oben dargestellten 10 persönlichen Werte nach Schwartz (1992) kann durch einen kurzen Fragebogen ermittelt werden. Die Short Schwartz Value Survey (Lindemann & Verkasalo, 2005) besteht aus nur einer Frage zu jedem Wert: Wie wichtig ist dieser Wert als leitendes Prinzip? Durch Ankreuzen einer von neun Alternativen (zwischen „steht im Gegensatz zu meinen Prinzipien" und „von herausragender Bedeutung") machen Teilnehmer Angaben über ihre persönliche Wertehaltung.

Interessen

Typologie von Interessen nach Holland

Eng mit Motiven verknüpft sind persönliche Interessen. Berufliche Interessen beeinflussen, für welche Tätigkeiten man sich bewirbt und in welchen Berufen man zufrieden ist (Schuler, 2007). Im Bereich der beruflichen Interessen hat sich die Typologie von Holland (1997) als sehr brauchbar erwiesen. Holland unterscheidet sechs verschiedene Typen beruflicher Interessen. Diese Typen sind Grundlage vieler Interessenstests, die vor allem im Bereich der Orientierung und Beratung von Berufseinsteigern verwendet werden, aber auch im Rahmen der (internen) beruflichen Weiterentwicklung angemessen wären. Eine umfangreiche Studie von Morris und Campion (2003, zitiert nach Aamodt, 2010) zeigt, dass eine gute Passung zwischen persönlichen Interessen und Charakteristika der beruflichen Tätigkeit mit mehr Zufriedenheit und besserer Leistung der Mitarbeiter einhergeht.

Das RIASEC-Modell nach Holland (1997)

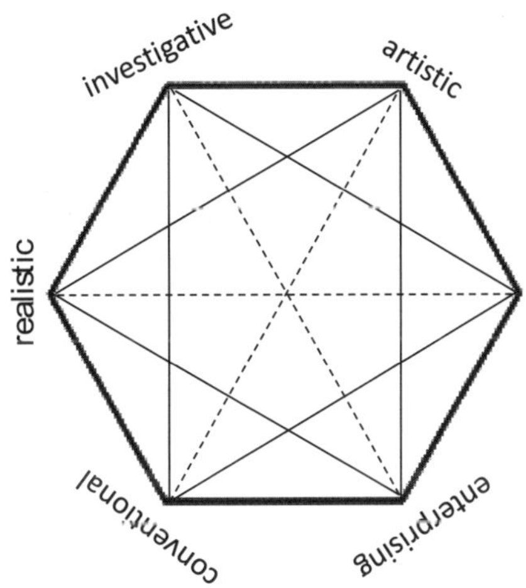

realistic: realistisch, handwerklich-technisch
investigative: intellektuell, untersuchend, forschend
artistic: kreativ, künstlerisch, sprachlich, gestalterisch
social: sozial, erziehend-pflegend
enterprising: unternehmerisch, führend, organisierend, verkaufend
conventional: konventionell, ordnend, verwaltend

Idealerweise sind Menschen in einem beruflichen Umfeld tätig, das ihren Interessen entspricht. Ein leichter Mis-Fit liegt vor, wenn Interessen der Person und Charakteristika des Berufs in verschiedene, im obigen Sechseck nebeneinander liegende, Bereiche fallen. Ein größerer Mis-Fit ist vorhanden, wenn die entsprechenden Bereiche nur durch die dünnen durchgezogenen Linien miteinander verbunden sind. Die deutlichste Diskrepanz zwischen Interessen der Person und Charakteristika des Berufs ist gegeben, wenn im obigen Sechseck eine direkte Verbindung der Bereiche nur über die gestrichelten Linien möglich ist.

(Quelle: Amelang & Schmidt-Atzert, 2006; Schuler, 2007)

Häufiger Einsatz des Holland-Modells in der Berufsberatung

Die Typen beruflicher Interessen von Holland (1997) werden häufig in der Berufsberatung eingesetzt, könnten aber durchaus auch im Rahmen der Personalentwicklung zum Einsatz kommen. Ein Software-Entwickler in einem größeren Unternehmen könnte sich beispielsweise fragen, ob er tatsächlich eine Führungskarriere anstreben soll. Ein solcher Schritt bedeutet aber auch, dass die Charakteristika seiner Tätigkeit nicht mehr hauptsächlich den Bereichen *realistic* und *investigative* zuzuordnen sind, sondern mehr und mehr in den Bereich *enterprising* fallen. Eine solche Veränderung bedarf einer sorgfältigen Abwägung und Beratung durch Mitarbeiter der Personalentwicklung.

EXPLORIX®

Mit dem Verfahren EXPLORIX® (Jörin, Stoll, Bergmann & Eder, 2003) steht ein Fragebogen zur Verfügung, mit dem man seine eigenen Interessen reflektieren kann. Der EXPLORIX® steht auch als Online-Testversion zur Verfügung unter: www.explorix.de.

Zusammenfassung

Zusammenfassung: Der Motivationsansatz der Psychologie geht davon aus, dass Motive, Werte und Interessen ein bedeutsamer „Treiber" unserer Handlungen sind. Im beruflichen Kontext erwies sich vor allem die Passung zwischen diesen Treibern und den Gegebenheiten im Beruf als wichtig für die Zufriedenheit von Mitarbeitern und deren Identifikation mit dem Unternehmen (z.B. Shin, 2004). Es ist leicht einzusehen, dass ein Mensch, der ein hohes Streben nach Leistung hat, sich in einem Unternehmen nicht wohl fühlt, in dem Leistung nicht oder nur wenig belohnt wird.

2.2.2 Ein Modell intellektueller Fähigkeiten

Hoher Stellenwert intellektueller Fähigkeiten

Bei der Darstellung verschiedener Ansätze zur Beschreibung menschlicher Eigenschaften haben wir bisher den Bereich der intellektuellen Fähigkeiten ausgespart. Über die bereits skizzierten Eigenschaften (Werte, Motive, Interessen etc.) kann ein Mensch in unterschiedlichem Maß verfügen, ohne dass dies per se gut oder schlecht ist. Es gilt nicht immer: je extravertierter eine Person, desto besser. Anders verhält sich dies im Bereich der intellektuellen Fähigkeiten. Einfach gesagt meinen wir damit, wie leistungsfähig unser Gehirn ist. Und hier gilt natürlich: je leistungsfähiger, desto besser.

Die Beschreibung intellektueller Fähigkeiten

Prädiktor für Berufserfolg

Mittlerweile existieren sehr viele wissenschaftliche Untersuchungen, die belegen, dass Menschen mit hohen intellektuellen Fähigkeiten (man spricht von allgemeiner Intelligenz) in Studium, Berufsausbildung und Beruf tendenziell erfolgreicher sind (z.B. Schmidt & Hunter, 1998). Wir benutzen hier bewusst den Begriff „tendenziell", da dieser Zusammenhang natürlich keinen Automatismus darstellt; intelligente Menschen sind also nicht *zwangsläufig* erfolgreicher, die Wahrscheinlichkeit ist jedoch sehr hoch.

Strukturmodelle der Intelligenz

In sogenannten Strukturmodellen der Intelligenz versucht man, deren Komponenten zu identifizieren. Das heißt, man sucht nach unterschiedlichen intellektuellen Fähigkeiten, die insgesamt dazu beitragen, dass man gute intellektuelle Leistungen vollbringen kann.

Modell von Carroll

Ein sehr einflussreiches Modell, in dem unterscheidbare intellektuelle Fähigkeiten systematisch dargestellt werden, zeigt die Abbildung im Kasten. Dieses Modell wurde von Carroll (1993) entwickelt. Es basiert auf der Analyse von umfangreichem Datenmaterial, das aus Testungen mit vielen unterschiedlichen Tests entstand. Diese Tests hatten eines gemeinsam: Sie zielten alle auf die Messung von intellektuellen Fähigkeiten ab. Die Frage, der Carroll nachging, war: Welche Tests produzieren redundante Ergebnisse, messen also dieselbe intellektuelle Fähigkeit und welche Tests produzieren divergente Ergebnisse, messen also unterschiedliche intellektuelle Fähigkeiten. Dahinter steckt die eigentlich interessante Frage: Wie viele und welche intellektuellen Fähigkeiten lassen sich überhaupt unterscheiden? Carroll identifizierte insgesamt acht größere Fähigkeitsbereiche.

Carrolls Modell der intellektuellen Fähigkeiten

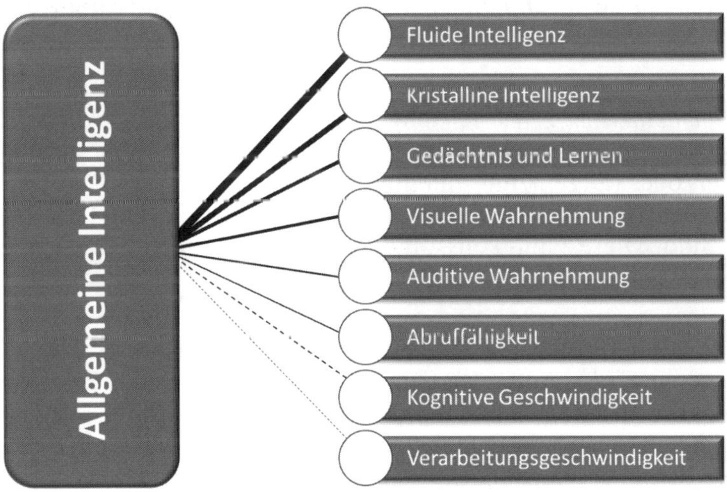

Je dicker eine Linie, desto wichtiger ist diese Fähigkeit für die allgemeine Intelligenz.

Fluide Intelligenz beschreibt die Fähigkeit, vorhandene Informationen zu analysieren und daraus die richtigen Schlussfolgerungen zu ziehen.

Kristalline Intelligenz beschreibt das Ausmaß an relevantem Wissen, das eine Person in ihrem bisherigen Leben angesammelt hat.

Gedächtnis und Lernen bezeichnet die Fähigkeit, sich in kurzer Zeit viele Dinge merken zu können.

Visuelle Wahrnehmung spricht eine breite Klasse von Fähigkeiten an, die alle mit dem visuellen Wahrnehmungsapparat verknüpft sind (z. B. Wahrnehmung von räumlichen Relationen).

Auditive Wahrnehmung bezeichnet Fähigkeiten wie Tondiskrimination oder das Merken von Tönen.

Abruffähigkeit beschreibt eine Klasse von Fähigkeiten, wie z. B. Kreativität oder Assoziationsfähigkeit.

Kognitive Geschwindigkeit bezeichnet die Fähigkeit, einfache Aufgaben schnell zu erfassen und schnell zu lösen.

Verarbeitungsgeschwindigkeit bezeichnet die Fähigkeit, schnell auf einfache Reize zu reagieren.

Beispiele für Intelligenzstrukturtests

Es gibt keinen deutschsprachigen Test, der all diese Aspekte beinhaltet. Wenn man ein breites Bild von den intellektuellen Fähigkeiten einer Person erhalten möchte, wählt man am besten sogenannte Intelligenzstrukturtests. Im deutschen Sprachraum etabliert sind z. B. der *Intelligenz-Struktur-Test I-S-T 2000 R* (Liepmann, Beauducel, Brocke & Amthauer, 2007) oder der *Wilde-Intelligenz-Test 2* (*WIT-2*, Kersting, Althoff & Jäger, 2008).

Zusammenfassung

Zusammenfassung: Wie leistungsfähig unser Gehirn im Allgemeinen ist – man bezeichnet dies auch als allgemeine kognitive Leistungsfähigkeit oder (allgemeine) Intelligenz –, ist wichtig für viele Bereiche des Lebens, auch im Beruf und ganz besonders dann, wenn Berufe komplex sind. Diese Fähigkeit sollte daher in keinem Kompetenzmodell fehlen.

Zusammenhang zwischen Intelligenz und Berufserfolg

Warum ist Intelligenz als Fähigkeit so wichtig? Dazu gibt es verschiedene Hypothesen. Einige Autoren argumentieren, dass hohe intellektuelle Fähigkeiten hilfreich sind, um umfangreiches fachspezifisches Wissen zu erwerben. Ein hohes Ausmaß an fachspezifischem Wissen wiederum ermöglicht bessere berufliche Leistungen (Schmidt & Hunter, 2004). Ein hohes Maß an intellektuellen Fähigkeiten ermöglicht es außerdem, sich leichter auf neue Gegebenheiten einzustellen, Zusammenhänge zu erkennen und das Wesentliche zu identifizieren.

Das bedeutet natürlich nicht, dass nicht auch andere Fähigkeiten und Kompetenzen ebenso wichtig (oder gar wichtiger) wären in einzelnen Berufen. Aber diese unterscheiden sich eben von Beruf zu Beruf. Über viele Berufe

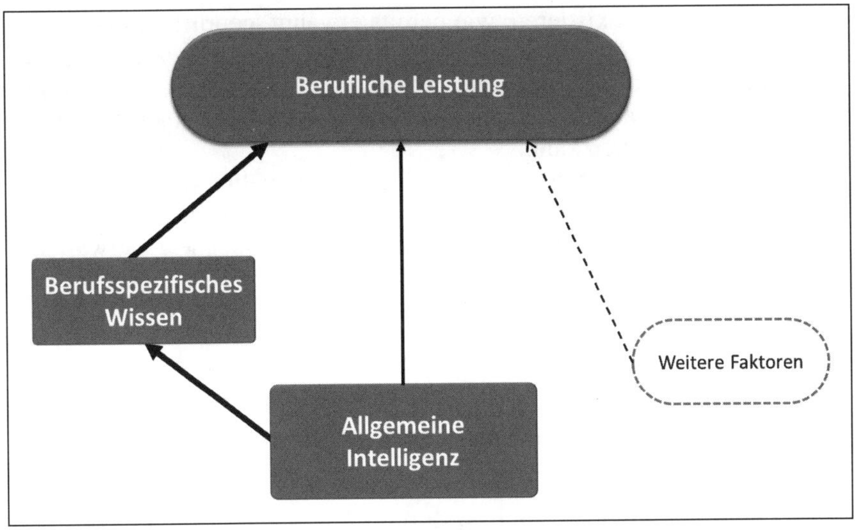

Abbildung 8:
Veranschaulichung des Zusammenhangs zwischen Intelligenz und Berufserfolg

im Allgemeinen betrachtet zeigt sich, dass unisono vor allem eine hohe kognitive Leistungsfähigkeit vorteilhaft ist.

Interessierte Leser erhalten weiterführende Informationen zu berufsrelevanten Aspekten der kognitiven Leistungsfähigkeit in dem Band *Leistungstests im Personalmanagement* (Krumm & Schmidt-Atzert, 2009).

Psychologische Merkmale und Kompetenzmodelle

Als Fazit aus dem vorangegangenen Abschnitt ist es uns wichtig, noch einmal anzuregen, die hier genannten psychologischen Merkmale implizit oder explizit zu berücksichtigen bei der Erstellung eines Kompetenzmodells. Diese Merkmale stellen psychologisch fundierte Beschreibungen menschlichen Verhaltens und Erlebens dar. Darüber hinaus stehen geprüfte Messinstrumente zur Verfügung, um solche Merkmale zu erfassen.

Ein Kompetenzmodell profitiert gleich mehrfach von der Verwendung psychologisch etablierter Merkmale:
- Zum einen kann man sich auf etablierte Definitionen berufen, die zu diesen Merkmalen existieren. Damit vermeidet man ein, dem babylonischen Turmbaugleichnis ähnliches, Begriffswirrwarr.
- Weiterhin können Befunde zur Relevanz dieser Merkmale aus wissenschaftlichen Studien gewonnen werden.

- Darüber hinaus existieren, wie bereits erwähnt, geprüfte Messinstrumente. Dies hat einen zusätzlichen Nutzen: Etablierte Messinstrumente verfügen meist über repräsentative Normen. Das bedeutet, dass man die Ergebnisse aus dem eigenen Unternehmen anhand einer Referenzgruppe vergleichen kann.
- Schließlich findet man in der Fachliteratur zu etablierten psychologischen Merkmalen, wenn sie trainierbar sind, meist auch wissenschaftlich fundierte Trainings inklusive Angaben bezüglich der zu erwartenden Effekte eines Trainings.

2.3 Modelle zur Beschreibung relevanter Kompetenzen für ausgewählte berufliche Tätigkeiten

Überblick über die wichtigsten Inhalte dieses Abschnitts

- Es existieren etablierte Modelle für bestimmte Bereiche beruflicher Tätigkeit, an denen man sich orientieren kann, wenn man ein Kompetenzmodell entwickelt.
- Die hier vorgestellten Modelle fokussieren auf:
  - traditionelle Teamarbeit
  - virtuelle Teamarbeit
  - unterstützendes und prosoziales Verhalten im Unternehmen
  - Führung
  - Management
  - Eintritt ins Berufsleben.

Im vorangegangenen Abschnitt wurden generelle Beschreibungsmöglichkeiten von menschlichem Verhalten und Erleben aufgeführt. Diese beziehen sich auf verschiedene Bereiche des Lebens (Freizeit, Familie, Beruf). Es gibt mittlerweile einige Modelle, die wichtige Eigenschaften und Kompetenzen für ganz bestimmte Bereiche der beruflichen Tätigkeit (z. B. Arbeit im Team) integrieren. Einige dieser Modelle werden im Folgenden beschrieben.

Der aufmerksame Leser wird feststellen, dass die im folgenden Abschnitt genannten Bereiche eher Kompetenzen darstellen und als solche formuliert sind, und weniger den etablierten Eigenschaftsdimensionen folgen, wie sie in den vorherigen Abschnitten beschrieben wurden. Dies begründet sich in der eher angewandten Forschungstradition aus dem englischsprachigen Raum und hat die bereits genannten Vor- und Nachteile. Es gilt jedoch weiterhin, dass die im Folgenden genannten Kompetenzen durch zugrunde liegende psychologische Merkmale näher spezifiziert werden können (siehe Kasten auf S. 14).

2.3.1 *Wichtige Kompetenzen für die Arbeit in traditionellen Teams*

„Traditionelle Teams“

Unter traditionellen Teams verstehen wir – im Gegensatz zu virtuellen Teams – solche, die nicht (dauerhaft) räumlich getrennt voneinander arbeiten und hauptsächlich in direktem Austausch (face-to-face) stehen. Diese Form der Teamarbeit wird häufig als „traditionell“ bezeichnet, weil sie lange Zeit die gängige Form der Zusammenarbeit in Organisationen war, durch die zunehmende Globalisierung aber mehr und mehr durch andere Formen der Zusammenarbeit abgelöst wird (z. B. virtuelle Teamarbeit).

Modell von Stevens und Campion

Das wohl einflussreichste Modell, das wichtige Kompetenzen in der Teamarbeit spezifiziert, ist das von Stevens und Campion (1994). Diese beiden Wissenschaftler sichteten die zum damaligen Zeitpunkt verfügbaren Forschungsergebnisse zu berufsbezogenen Teams und Gruppen im Allgemeinen und kamen zu dem Ergebnis, dass vor allem die nachfolgend dargestellten Kompetenzen relevant sind für die Teamarbeit. Dabei ist zu beachten, dass für die eigentlichen Aufgaben des Teams (z. B. Projektmanagement) weitere aufgabenbezogene Kompetenzen notwendig sind, die Stevens und Campion bewusst nicht berücksichtigten. Stevens und Campion konnten zeigen, dass eine hohe Ausprägung in den nachfolgend dargestellten Kompetenzen mit einer hohen Leistung im Team einhergeht.

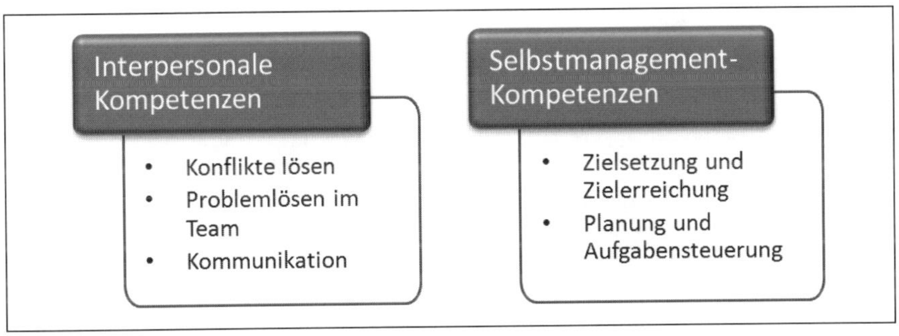

Abbildung 9:
Kompetenzen der Teamarbeit (nach Stevens & Campion, 1994)

Teamwork-KSA-Test

Diese Wissenschaftler entwickelten neben der Taxonomie der Teamwork-Kompetenzen auch einen Test, den sog. *Teamwork-KSA-Test* (KSA = Knowledge, Skills und Abilities), anhand dessen die Ausprägung dieser Kompetenzen bei einzelnen Teammitgliedern geprüft werden kann. Bei diesem Test bekommen die Teilnehmer eine Reihe von Teamsituationen beschrieben. Nach jeder dieser Beschreibungen sollen die Teilnehmer angeben, welche von vier verschiedenen Reaktionen sie für sinnvoll halten. Die Annahme ist, dass Menschen, die eine hohe Ausprägung in den verschiedenen Teamwork-Kompetenzen haben, auch häufig die objektiv sinnvollste Reaktion wählen sollten.

Abgewandeltes Beispiel aus dem Teamwork-KSA-Test (Stevens & Campion, 1999)
„Nehmen Sie an, Sie befinden sich mit mehreren Kollegen in einer Besprechung darüber, wer von Ihnen eine sehr spannende, aber auch schwierige, Aufgabe übernehmen soll. Welche der folgenden Handlungen wäre wahrscheinlich am effektivsten, um die Situation zu lösen?" A. Den Vorgesetzten entscheiden lassen. B. Denjenigen mit der Aufgabe betrauen, der sie am wahrscheinlichsten gut bewältigen kann. C. Die Kollegen, die zuerst an der Sichtung der Aufgabe beteiligt waren, haben ein bevorzugtes „Wahlrecht". D. Zufällig eine Person auswählen.

Natürlich gilt auch hier: Für spezielle Teams können auch ganz andere Kompetenzen eine Rolle spielen. Dieses und auch die im Weiteren dargestellten Modelle können eine gute erste Orientierung sein. Um für eine spezifische Form und Art der Tätigkeit die wirklich exakt passenden Kompetenzen zu identifizieren, ist aber eine Arbeits- und Anforderungsanalyse notwendig.

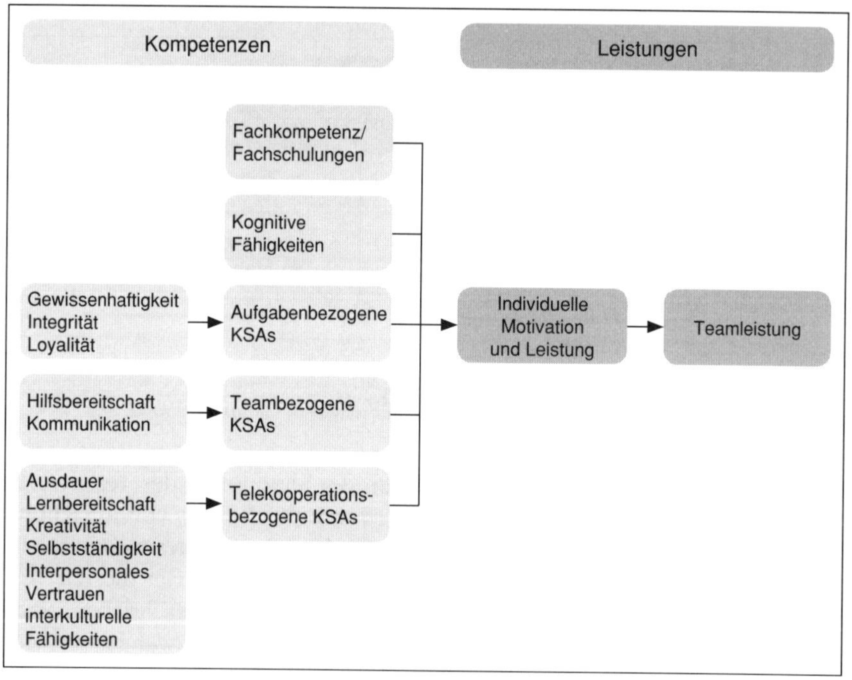

Abbildung 10:
Kompetenzen der virtuellen Teamarbeit (nach Hertel et al., 2006)

2.3.2 Wichtige Kompetenzen für die Arbeit in virtuellen Teams

Spezielle Anforderungen in virtuellen Teams

Immer mehr Formen der Zusammenarbeit in Organisationen können als virtuelle Teams bezeichnet werden. Virtuelle Teams sind dadurch gekennzeichnet, dass die Teammitglieder räumlich und/oder zeitlich voneinander getrennt arbeiten und daher vorwiegend über elektronische Medien miteinander kooperieren. Vor allem die zunehmende Globalisierung und auch der technische Fortschritt auf dem Gebiet der elektronischen Kommunikationsmedien machen dies notwendig, aber auch möglich. Diese Form der Teamarbeit erfordert zusätzliche, über die der traditionellen Teamarbeit hinausgehende, Kompetenzen. Ein Modell solcher Kompetenzen wurde von Hertel, Konradt und Voss (2006) entwickelt.

Diese Wissenschaftler konnten in empirischen Studien zeigen, dass eine hohe Ausprägung in den im Modell enthaltenen Kompetenzen – genauer der aufgabenbezogenen, teambezogenen und telekooperationsbezogenen Kompetenzen – mit einer hohen Leistung im Team einhergeht.

2.3.3 Kompetenzen für kontextbezogene Leistungen

Eine weit verbreitete und übersichtliche Beschreibung beruflicher Leistung sieht zwei große Bereiche vor: aufgabenbezogene Leistung (task performance) und kontextbezogene Leistung (contextual performance) (Borman & Motowidlo, 1993).

Aufgabenbezogene Leistung

Unter *aufgabenbezogener Leistung* versteht man alle Leistungen, die mit der Kernaufgabe der beruflichen Tätigkeit einhergehen. Ein Mitarbeiter im Verkauf würde beispielsweise aufgabenbezogene Leistungen zeigen, wenn er sein Produktwissen aufbessert, einen Verkaufsvertrag abschließt oder seine Vertriebsaktivitäten für die nächste Woche plant.

Kontextbezogene Leistung

Kontextbezogene Leistungen sind nicht explizit Teil einer bestimmten beruflichen Tätigkeit. Vielmehr geht es hierbei um zusätzliche Leistungen, die nicht in der Stellenbeschreibung enthalten sind, aber auch zum Unternehmenserfolg beitragen. Beispiele für solche Leistungen sind länger zu arbeiten, um einen Kollegen bei seinen Aufgaben zu unterstützen, freiwillig weitere Aufgaben zu übernehmen, die nicht Teil des Jobs sind und für das Unternehmen Geld einzusparen, obwohl man auch höhere Ausgaben tätigen könnte (z. B. die U-Bahn nehmen anstelle des Taxis). Kontextbezogene Leistungen werden häufig auch als sog. *Organizational Citizenship Behavior* (OCB; Organ, 1988) bezeichnet, also inwiefern sich Mitarbeiter wie „gute Bürger“ in ihrer Organisation verhalten. Wie man sich leicht denken kann, zeigen Mitarbeiter solche Verhaltensweisen insbesondere dann, wenn sie zufrieden mit ihrem Job sind (LePine, Erez & Johnson, 2002).

Dimensionen von Organizational Citizenship Behavior
Folgende Dimensionen wurden identifiziert als Teilbereiche von Organizational Citizenship Behavior: 1. An etwas dran bleiben mit Enthusiasmus und der notwendigen zusätzlichen Anstrengung 2. Freiwillig Aufgaben übernehmen, die nicht Teil des eigentlichen Jobs sind 3. Hilfe und Kooperation 4. Befolgen von Regeln und Prozeduren des Unternehmens 5. Verinnerlichen, unterstützen und verteidigen von Unternehmenszielen.

Einige Forscher nehmen an, dass die Tatsache, ob ein Mitarbeiter aufgaben- und/oder kontextbezogene Leistungen zeigt, von unterschiedlichen Eigenschaften abhängt (siehe Schuler & Höft, 2004a). Während aufgabenbezogene Leistungen eher durch kognitive Fähigkeiten bedingt sind, hängen kontextbezogene Leistungen eher von Persönlichkeitsmerkmalen ab (siehe Big Five in Kapitel 2.2.1). Es ist also naheliegend, dass ein Kompetenzmodell, das einen zu starken Schwerpunkt auf kognitive Fähigkeiten oder auf Persönlichkeitsmerkmale legt, nicht alle relevanten Aspekte beruflicher Leistung abdecken kann.

2.3.4 Wichtige Kompetenzen für Führungskräfte

Transaktionale und transformationale Führung

Die Forschung zu Führung hat viele Theorien hervorgebracht. Eine der bekanntesten ist sicher die Unterscheidung zwischen transaktionaler und transformationaler Führung (Bass, 1997). *Transaktionale Führung* bezeichnet dabei einen Führungsstil, der auf dem Austausch von Ressourcen zwischen Führendem und Geführten beruht (z. B. Mehrbezahlung gegen höhere Anstrengung). Transaktionale Führer führen durch Setzen von Zielen, Monitoring der Leistung und Aufzeigen von Konsequenzen für Erfolg und Misserfolg. *Transformationale Führung* bezeichnet einen Führungsstil, bei dem der Führende durch sein Verhalten vor allem die Ziele, Werte und Standards an die Geführten weitergibt. Typische Führungsverhaltensweisen sind das Entwickeln und Weitergeben einer Vision und Motivieren der Mitarbeiter, langfristige Ziele zu erreichen.

Allerdings hat sich in umfangreichen Analysen gezeigt, dass nur wenige Führungskräfte entweder den einen oder den anderen Führungsstil anwenden, sondern vielmehr viele Führungskräfte sowohl transformationale als auch transaktionale Führungstechniken einsetzen. Darüber hinaus gibt es Belege dafür, dass beide Stile gleichermaßen effektiv sind (Judge & Piccolo, 2004).

Eine andere Tradition der Führungsforschung unterscheidet zwischen den Führungsdimensionen Aufgaben- und Mitarbeiterorientierung (sog. Ohio-Studien, siehe z. B. von Rosenstiel, 2007). Eine hohe *Mitarbeiterorientierung* äußert sich in einem sehr warmen, herzlichen und wertschätzenden Verhalten gegenüber Mitarbeitern. Eine hohe *Aufgabenorientierung* bezeichnet das Bestreben, vor allem bestimmte Ziele zu erreichen. Diese beiden Konzepte sind weniger eng miteinander verknüpft als transaktionale und transformationale Führung, d. h. es ist weniger häufig, dass Führende sowohl den einen als auch den anderen Führungsstil anwenden. Insgesamt betrachtet hat sich gezeigt, dass ein mitarbeiterorientierter Führungsstil im Durchschnitt effektiver ist (Judge, Piccolo & Ilies, 2004).

Aufgaben- versus Mitarbeiter-orientierung

In den 90ern unternahmen die beiden Wissenschaftler Walter Borman und Donald Brush (1993) den Versuch, die zahllosen Anforderungen, die bis dahin als wichtig für Mitarbeiter im Management (nicht automatisch gleichzusetzen mit Führungskräften) erachtet wurden, zu kondensieren und ein Set an Anforderungen für Manager zu entwickeln (sog. Managerial Performance Requirements). Dazu gaben sie 187 verschiedene Tätigkeitsdimensionen an verschiedene, erfahrene Arbeits- und Organisationspsychologen und baten sie, diese Dimensionen in Kategorien zusammenzufassen. Aus den unterschiedlichen daraus resultierenden Lösungen identifizierten Borman und Brush einen gemeinsamen Nenner von 18 „Mega-Dimensionen", die wichtig sind für Mitarbeiter im Management. Diese können auch als generische Management-Kompetenzen bezeichnet werden (siehe Kapitel 2.4). Davon sind wiederum drei als originäre Führungskompetenzen zu bezeichnen. Diese sind:

Managerial Performance Requirements

- *Anleitung und Unterstützung:* bezeichnet die Anforderungen, Feedback zu geben, zu monitoren, aber auch zu belohnen und motivieren; ist in etwa gleichzusetzen mit transaktionaler Führung.
- *Aufrechterhaltung guter Beziehungen:* bezeichnet die Anforderungen, anderen Wertschätzung, Respekt, Interesse und Aufmerksamkeit entgegenzubringen; ist in etwa gleichzusetzen mit einem mitarbeiterorientierten Führungsstil.
- *Koordination von Mitarbeitern und Ressourcen:* bezeichnet die Anforderungen, Personal- und andere Ressourcen effektiv zu planen; ist in etwa gleichzusetzen mit einem aufgabenorientierten Führungsstil.

Würde man die Kompetenzen von Borman und Brush (1993) noch um die Kompetenz, eine Vision und langfristige Chancen zu kommunizieren (transformationale Führung) ergänzen, wäre dies eine gute Synopsis aus der Forschung zu verschiedenen Führungsstilen. Zumindest wird die Darstellung von verschiedenen, gleichsam wichtigen Kompetenzen eher dem plausiblen Umstand gerecht, dass Führungskräfte mehrere Anforderungen erfüllen müssen und nicht ein Führungsstil alleine zum Erfolg gereicht.

Tabelle 4:
18 Kompetenzen für „Managerial Performance"
(nach Borman & Brush, 1993)

Dimensionen	Interpersonales und Kommunikation	Führung	Routine des Managements	Persönliches Verhalten
Planen und Organisieren			X	
Anleitung und Unterstützung von Mitarbeitern		X		
Entwicklung von Mitarbeitern				
Effektive Kommunikation	X			
Repräsentieren des Unternehmens nach außen	X			
Beherrschen der aktuellen Technik			X	
Abwicklung administrativer Aufgaben			X	
Aufrechterhaltung guter Beziehungen	X	X		
Koordination von Mitarbeitern und Ressourcen		X		
Entscheidungen treffen und Probleme lösen			X	
Personalaufgaben			X	
Persistenz bei der Zielerreichung				X
Krisen- und Stressmanagement				X
Einhaltung der Gepflogenheiten der Organisation				X
Controlling von Ressourcen			X	
Delegieren von Aufgaben			X	
Überzeugen und Beeinflussen	X			
Datenanalyse			X	

Anmerkung: Borman und Brush ordneten die meisten der hier dargestellten 18 Kompetenzen vier übergeordneten Bereichen zu: Interpersonales und Kommunikation, Führung, Routine des Managements und persönliches Verhalten.

2.3.5 *Sind sie bereit zu arbeiten? – Anforderungen an junge Menschen, die in den Arbeitsmarkt eintreten*

Kompetenzen von Berufseinsteigern

Eine aktuellere amerikanische Studie wählte einen anderen Weg und befragte verschiedene Unternehmen, in welchen Bereichen die Schulen ihre Schüler vorbereiten sollten, damit diese auf dem Arbeitsmarkt bestehen können (The Conference Board et al., 2006). Das Ergebnis ist im folgenden Kasten dargestellt.

Wichtige Kompetenzen für Menschen, die in den Arbeitsmarkt eintreten
– Kritisches Denken/Problemlösen – Teamarbeit – Schriftliche Kommunikation – Mündliche Kommunikation – Arbeitsmoral – Führung – Informationstechnologie – Vielfältigkeit – Lebenslanges Lernen – Kreativität/Innovation – Moral/Ethik

Diese Sammlung an Kompetenzen ist deutlich globaler als die in diesem Kapitel vorgestellten Modelle. Deutlich wird dies daran, dass wir schon differenzierte Modelle für die Arbeit im Team und für Führung kennengelernt haben, diese aber hier als globale Kompetenzen dargestellt werden. Daran wird erkennbar, dass ein Kompetenzmodell unterschiedliche Auflösungsgrade haben kann, je nach intendiertem Geltungsbereich. Da es hier um grundlegende Kompetenzen junger Menschen geht, die in den Arbeitsmarkt eintreten, sind die aufgeführten Bereiche entsprechend global. Darüber hinaus erkennt man auch, dass die letztliche Zusammenstellung der Kompetenzen auch davon abhängt, welche Eigenschaften von der befragten Personengruppe als wünschenswert erachtet werden.

2.4 Modelle zur globalen Beschreibung berufsbezogener Leistungen

Überblick über die wichtigsten Inhalte dieses Abschnitts
– Es existiert ein generisches Kompetenzmodell, das aus der Analyse vieler verschiedener Kompetenzmodelle unterschiedlicher Unternehmen abgeleitet wurde.

- Die acht globalen Dimensionen dieses Modells werden als „Great Eight" bezeichnet.
- Dieses Kompetenzmodell stellt eine gute Orientierungshilfe bei der Entwicklung eigener Kompetenzmodelle dar, sollte aber nicht unkritisch und unmodifiziert übernommen werden.

Tabelle 5:
Die Great Eight (nach Bartram et al., 2002)

Great Eight Dimensionen und dazu zugeordnete Kompetenzen
Führen und Entscheiden
– Entscheidungen treffen und Aktionen initiieren – Führen und supervidieren
Unterstützen und Kooperieren
– Zusammenarbeiten – Werte und Prinzipien anerkennen
Interagieren und Präsentieren
– Beziehungen aufbauen und networken – Überzeugen und beeinflussen – Präsentieren und kommunizieren
Analysieren und Interpretieren
– Schriftliche Kommunikation und Reporting – Technische Expertise – Analysieren
Gestalten und Konzipieren
– Lernen und forschen – Gestalten und Innovationen voranbringen – Strategien und Konzepte formulieren
Organisieren und Ausführen
– Planen und organisieren – Ergebnisse abliefern und Kundenerwartungen erfüllen – Instruktionen und Vorgehensweisen befolgen
Anpassen und Bewältigen
– An Veränderungen anpassen und damit umgehen – Mit Druck und Rückschlägen umgehen
Unternehmerisches Handeln und Leistung erbringen
– Persönliche Arbeitsziele erreichen – Unternehmerisches Denken

Ein differenzierteres Modell zur globalen Beschreibung berufsbezogener Leistungen wurde von Bartram, Robertson und Callinan (2002) entwickelt. Es kann als generisches Kompetenzmodell verstanden werden und beinhaltet acht globale Kompetenzen – die sogenannten *Great Eight*. Bartram und Kollegen analysierten zur Entwicklung der Great Eight viele Kompetenzmodelle unterschiedlicher Unternehmen sowie Bewertungen und Selbsteinschätzungen, die anhand der Unternehmens-Kompetenzmodelle vorgenommen wurden. So identifizierten sie eben diese acht Kernbereiche beruflicher Leistungen, denen Bartram und Kollegen auch entsprechende Kompetenzen zuordneten.

Great Eight

Die Great Eight sind von ihren „Erfindern" als Bereiche beruflicher Leistung definiert worden, aber durchaus im Sinne unserer Definition als Kompetenzen zu verstehen, wenn auch als sehr globale Kompetenzen. Diesen zugeordnet sind 20 etwas weniger globale Kompetenzen, die durchaus vergleichbar

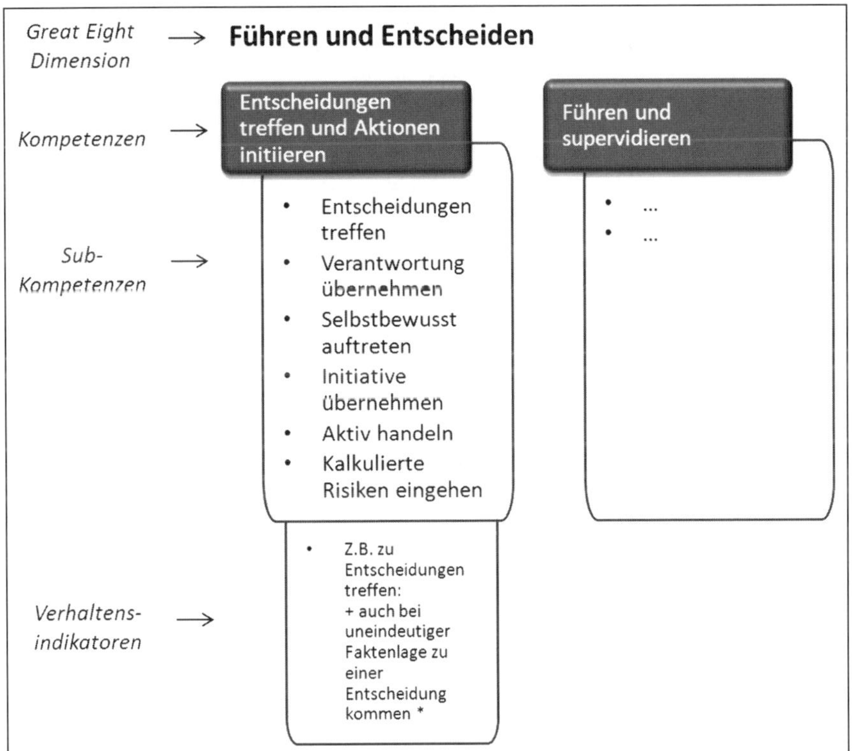

Anmerkung: *Beispiel von den Autoren dieses Bandes eingefügt, da bei Bartram (2005) nicht näher spezifiziert.

Abbildung 11:
Beispielhafte Darstellung der Struktur der Great Eight und Integration in die Ebenen eines Kompetenzmodells (vgl. Bartram, 2005)

sind mit den 18 Anforderungsdimensionen aus Kapitel 2.3.4. Die 20 Kompetenzen sind weiterhin untergliedert in 112 Sub-Kompetenzen, die wiederum in verschiedene positive und negative Verhaltensindikatoren unterteilt sind. Gleichzeitig werden auch Anforderungsdimensionen im Sinne psychologischer Konzepte spezifiziert und den Great Eight zugeordnet.

Einordnung der Great Eight

Darüber hinaus legen die Autoren der Great Eight auch dar, welche psychologisch etablierten Konzepte den acht globalen Kompetenzen zuzuordnen sind. Somit können die Great Eight zumindest ansatzweise in die psychologische Fachliteratur eingeordnet werden. Leider liegen für die Sub-Kompetenzen keine „Übersetzungen" in etablierte Anforderungsmerkmale vor, sodass als Tiefenstruktur dieses Kompetenzmodells „nur" Verhaltensweisen zu den 112 Sub-Kompetenzen vorhanden sind. Eine Übersetzung der 112 Sub-Kompetenzen in Eigenschaftsanforderungen würde helfen, die Great Eight als Kompetenzmodell noch stärker zu substantiieren.

Tabelle 6:
Zuordnung psychologischer Konzepte zu den Great Eight
(nach Bartram, 2005)

Great Eight Dimension	von Bartram (2005) zugeordnete, etablierte psychologische Konzepte
Führen und Entscheiden	Machtmotiv, Extraversion
Unterstützen und Kooperieren	Verträglichkeit
Interagieren und Präsentieren	Extraversion, allgemeine Intelligenz
Analysieren und Interpretieren	Allgemeine Intelligenz, Offenheit für Erfahrungen
Gestalten und Konzipieren	Offenheit für Erfahrungen, allgemeine Intelligenz
Organisieren und Ausführen	Gewissenhaftigkeit, allgemeine Intelligenz
Anpassen und Bewältigen	Emotionale Stabilität
Unternehmerisches Handeln und Leistung erbringen	Leistungsmotiv, geringe Verträglichkeit

Vor- und Nachteile generischer Modelle für Unternehmen

Die Great Eight können – wie bereits oben angesprochen – als generisches Kompetenzmodell verstanden werden. Sie stellen sozusagen die Schnittmenge aus sehr vielen, vor allem britischen, Kompetenzmodellen dar. Als Unternehmen ein solches generisches Kompetenzmodell zu übernehmen, hat Vor- und Nachteile. Als Vorteil kann sicher gesehen werden, dass es sich hierbei um ein etabliertes, aus einer breiten Datenbasis anhand von umfangreichen Faktorenanalysen abgeleitetes, Modell handelt. Weiterhin existiert es bereits und muss daher nicht aufwendig erstellt werden. Andererseits kann die Passung im Detail auf ein bestimmtes Unternehmen nicht sichergestellt werden; einzigartige Merkmale eines Unternehmens und dessen Strategie im HR-Bereich sind nicht berücksichtigt. Zudem ist eine Differenzierung gegenüber anderen Unternehmen nicht möglich, wenn auch diese anderen Unternehmen ein generisches Modell verwenden. Zu beachten ist auch, dass die Entwicklung dieses Modells bereits ca. 10 Jahre zurückliegt und das Modell daher nicht mehr uneingeschränkt gültig sein muss. Allerdings existiert auch kein aktuelleres, ähnlich gut beforschtes und umfassendes generisches Kompetenzmodell wie dieses. Eine mögliche Vorgehensweise (die auch noch näher in Kapitel 4.1 beschrieben wird) besteht darin, dieses generische Modell als Ausgangsbasis zu verwenden und darauf aufbauend ein eigenes Kompetenzmodell zu entwickeln.

Determinanten beruflicher Leistung nach Campbell et al.

Andere Wissenschaftler haben ähnliche Modelle entwickelt und auf noch weniger als acht Bereiche kondensiert (vgl. Campbell, Gasser & Oswald, 1996; McCloy, Campbell & Cudeck, 1994). Sie schlagen ganz allgemein vor, dass berufliche Leistungen determiniert sind durch drei Faktoren:

Determinanten beruflicher Leistungen nach Campbell, McCloy, Oppler & Sager (1993)

- relevantes Wissen (oft als deklaratives Wissen bezeichnet),
- das Wissen und die Fähigkeit, etwas umzusetzen (oft als prozedurales Wissen bezeichnet),
- und die Motivation, dies zu tun.

Ein sparsames Modell hat den Vorteil, dass es intuitiv eingängig und weitgehend universell einsetzbar ist. Andererseits muss im Einzelfall dann doch näher eruiert werden, welches Wissen denn nun genau relevant ist, d. h. die drei Faktoren müssen konkretisiert werden.

Zusammenfassung

- Mithilfe von Arbeits- und Anforderungsanalysen lassen sich Aufgaben- und Ergebnisanforderungen (z. B. Durchführung von Mitarbeitergesprächen, Erhöhung der Umsatzzahlen), Verhaltensanforderungen (z. B. verbindlich auftreten) und Eigenschaftsanforderungen (z. B. Gewissenhaftigkeit, Intelligenz) unterscheiden.
- Menschliche Eigenschaften können aus psychologischer Sicht unterschieden werden in
  - Persönlichkeitseigenschaften,
  - Einstellungen, Motive, Werte und Interessen,
  - kognitive Leistungsfähigkeit.
- Die psychologische Forschung liefert Erkenntnisse hinsichtlich deren Relevanz für berufliche Leistungen sowie Instrumente zur Messung dieser Eigenschaften.

- Es existieren bereits Modelle zu relevanten Anforderungen/Kompetenzen für spezifische Bereiche der beruflichen Leistung (z. B. Teamarbeit) sowie für berufliche Leistungen im Allgemeinen (z. B. die Great Eight).

3 Analyse und Maßnahmenempfehlung

In den vorangegangenen Kapiteln wurden Modelle und theoretische Hintergründe erläutert, die bei der Erstellung von Kompetenzmodellen relevant sind. Im folgenden Kapitel geht es nun um strategische Fragen, die sich im Zuge der Entwicklung und Implementierung eines Kompetenzmodells stellen können. Das konkrete Vorgehen bei der Umsetzung wird danach in Kapitel 4 beschrieben.

In Kapitel 3 werden insbesondere die folgenden Fragen beantwortet:
- Ist ein Kompetenzmodell immer notwendig?
- Wie lässt sich feststellen, ob ein bestehendes Kompetenzmodell noch gültig ist?
- Wann sollten Single-Job-Modelle und wann One-Size-Fits-All-Modelle verwendet werden?
- Wann sollten eigenschaftsbasierte und wann aufgabenbasierte Modelle verwendet werden?
- Wie gliedert man die verschiedenen Kompetenzen sinnvoll?
- Wie können die Auswirkungen des demografischen Wandels in Kompetenzmodellen berücksichtigt werden?
- Wie kann die Akzeptanz des Kompetenzmodells gefördert werden?

3.1 Ist ein Kompetenzmodell immer notwendig?

Relevanz der Anforderungen nach DIN 33430

Mit der DIN 33430 für berufsbezogene Eignungsbeurteilungen wurden 2002 „Anforderungen an Verfahren und deren Einsatz bei berufsbezogenen Eignungsbeurteilungen“ festgelegt. Die DIN 33430 dient damit als wichtiger Qualitätsstandard bei Beurteilungen, die im Rahmen von Personalauswahl-, Beförderungs- und generell Personalbewertungsentscheidungen vorgenommen werden. Eines der ersten Qualitätskriterien, das in der DIN 33430 aufgeführt ist, lautet: „Für die berufsbezogene Eignungsbeurteilung dürfen nur solche Verfahren eingeplant werden, die nachweislich einen Bezug zu den Anforderungen haben“ (DIN 33430, 2002, S. 6). Somit ist zunächst die Frage, ob ein – mehr oder weniger globales – Anforderungsprofil (z. B. für einzelne Tätigkeiten oder für Laufbahnen im Unternehmen) notwendig ist, eigentlich beantwortet: ja, es ist notwendig – und auch sinnvoll –, sobald

Eignungsbeurteilungen vorgenommen werden. Da Eignungsbeurteilungen im beruflichen Kontext die Regel sind (z. B. bei der Personalauswahl oder bei Leistungsbeurteilungen), sind entsprechende Anforderungsprofile ebenfalls unabkömmlich. Die DIN 33430 bezieht sich explizit nicht auf Personalinstrumente, die nicht zu Eignungsbeurteilungen herangezogen werden (wie z. B. Zielvereinbarungsgespräche). Jedoch empfiehlt es sich auch hier, die im jeweiligen Unternehmen relevanten Kompetenzen zu berücksichtigen.

Zu Beginn dieses Bandes haben wir dargestellt, dass Anforderungen (d. h. psychologische Merkmale, die berufsrelevant sind) die Tiefenstruktur von Kompetenzmodellen bilden. Nachdem wir nun deutlich gemacht haben, dass dieser Teil eines Kompetenzmodells im beruflichen Kontext unabkömmlich ist, stellt sich die Frage: Ist die Oberflächenstruktur eines Kompetenzmodells stets notwendig? Diese Frage ist nicht eindeutig zu beantworten. Wir meinen, dass eine Oberflächenstruktur nicht zwingend notwendig ist, da psychologisch geschulte Mitarbeiter auch nur anhand der Tiefenstruktur agieren können, aber viele Vorteile hat (z. B. die adressatengerechte Kommunikation der Anforderungen, siehe Abschnitt 1.4).

Gründe gegen den Einsatz von Kompetenzmodellen

Manche mittelständische und Groß-Unternehmen setzen keine Kompetenzmodelle ein (Thomas, 2010). Hinsichtlich der Gründe dafür befragt, nennen die Verantwortlichen dieser Unternehmen vorrangig mangelnde Zuständigkeit (35 %) (d. h. bis zum Befragungszeitpunkt wurde im Unternehmen kein Verantwortlicher für die Entwicklung/Einführung eines Kompetenzmodells benannt) sowie zu großen Zeitaufwand (16 %). Daher sei hier nochmal auf den hohen Nutzen von Kompetenzmodellen hingewiesen, der durch die vielseitige Verzahnung von HR-Instrumenten vor allem in mittleren und großen Unternehmen entsteht, was den Aufwand der Entwicklung durchaus rechtfertigt.

Fazit

Die relevanten Anforderungen für einzelne Tätigkeitsbereiche sollten bekannt sein, um sinnvolle Personalauswahl und -entwicklung betreiben zu können.

3.2 Ist ein bestehendes Kompetenzmodell noch gültig?

Regelmäßige Gültigkeitsprüfung notwendig

Bestehende Kompetenzmodelle sollten regelmäßig auf ihre Gültigkeit überprüft werden. Das Zeitintervall, innerhalb dessen eine Überprüfung notwendig wird, richtet sich dabei nach dem Ausmaß der Veränderungen im Unternehmen bzw. den Tätigkeiten der Mitarbeiter. Manchmal finden zu einem Zeitpunkt große Veränderungen in Unternehmen statt, die offensichtlich eine Überprüfung der Kompetenzmodelle nach sich ziehen sollten (z. B. Unternehmensfusionen, Umstellung von traditioneller auf virtuelle Teamarbeit).

3.3 Single-Job- oder One-Size-Fits-All-Kompetenzmodell?

Kompetenzmodelle können einen unterschiedlich breiten Anwendungsbereich haben. Mansfield (1996) versieht die beiden Extrema der Breite des Anwendungsbereichs mit den Begriffen Single-Job- und One-Size-Fits-All-Kompetenzmodell. Ein Single-Job-Kompetenzmodell, nach Mansfield die häufigste Form, beansprucht lediglich die Geltung für eine bestimmte berufliche Position oder Tätigkeit. Dahingegen umfassen sogenannte One-Size-Fits-All-Kompetenzmodelle relevante Kompetenzen, die für ein breites Spektrum an beruflichen Tätigkeiten und Positionen gelten.

Gegenüberstellung der Vor- und Nachteile

Viele Personaler (insbesondere in größeren Unternehmen) befinden sich in einem Konflikt: Sie möchten einerseits ein Kompetenzmodell entwickeln, das möglichst für das gesamte Unternehmen Gültigkeit hat, um wesentliche HR-Instrumente daran anzubinden. Hierfür wäre ein One-Size-Fits-All-Modell geeignet. Andererseits möchte und muss ein Verantwortlicher im HR-Bereich auch berücksichtigen, dass manche Arbeitsplätze spezifische Anforderungen beinhalten, die unternehmensweit keine große Rolle spielen. Die Vor- und Nachteile der beiden Varianten sind in Tabelle 7 zusammengefasst.

Tabelle 7:
Vor- und Nachteile verschiedener globaler Kompetenzmodelle
(in Anlehnung an Mansfield, 1996)

	Single-Job	One-Size-Fits-All
Vorteile	– Beinhaltet Schlüsselqualifikationen für Erfolg in einem spezifischen Job – Stelleninhaber kann sein Verhalten am Kompetenzmodell ausrichten	– Breiter Gültigkeitsbereich – Wird der Pluralität von Stellenprofilen in einem Unternehmen gerecht – Abstimmung mit Unternehmenskonzept/-werten möglich – Moderate Kosten bei der Entwicklung verglichen mit der Einsatzbreite
Nachteile	– Hoher Kosten-, Zeit- und Entwicklungsaufwand – Schmaler Gültigkeitsbereich – Nicht auf andere Stellen übertragbar – Passung zum Unternehmenskonzept nicht sicher gegeben – Schlechte Vergleichbarkeit mit anderen Stelleninhabern/Auswahlverfahren	– Differenzierung zwischen spezifischen Tätigkeiten nicht möglich – Einsatz in spezifischen Auswahlverfahren limitiert Vernachlässigung von technischem Wissen und Fertigkeiten – Gefahr, als generelle Wertvorstellung abgestempelt zu werden

Um diesen Spagat zwischen ausreichender Generalität des Kompetenzmodells auf der einen Seite und gleichzeitiger Spezifität auf der anderen Seite lösen zu können, berücksichtigen viele Kompetenzmodelle verschiedene organisationale Ebenen. Steinmayr (2005) beschreibt drei gängige organisationale Ebenen: stellenspezifische, berufsgruppenspezifische und Unternehmens-Ebene. Dabei hat die *stellenspezifische Ebene* die geringste Generalität, sie gilt nur für bestimmte Arbeitsplätze im Unternehmen. Die *berufsgruppenspezifische Ebene* gilt für Funktionseinheiten oder Job-Familien. Auf der *Unternehmens-Ebene* werden sogenannte Kernkompetenzen spezifiziert, die als relevant für die gesamte Organisation angesehen werden. Typische Beispiele für Kernkompetenzen sind Soziale Kompetenz oder Analytische Fähigkeiten, während stellenspezifische Anforderungen z.B. das Beherrschen einer bestimmten Software oder die Kenntnis von spezifischen Produkten beinhalten.

Berücksichtigung verschiedener organisationaler Ebenen

Fazit
Die Berücksichtigung verschiedener Ebenen in einem Kompetenzmodell ermöglicht die Integration von Single-Job- und unternehmensweit gültigen Kompetenzmodellen.

3.4 Eigenschaftsbasierte oder aufgabenbasierte Kompetenzmodelle?

In der Literatur und in der Praxis findet man manchmal eine Unterscheidung zwischen eigenschaftsbasierten und aufgabenbasierten Kompetenzmodellen. Unter *eigenschaftsbasierten Kompetenzmodellen* versteht man Modelle, die auf Anforderungen abzielen, die in der Person liegen, eben Eigenschaften. Die bisher in diesem Band verwendeten Beispiele bezogen sich auf eigenschaftsbasierte Kompetenzmodelle. Um einen leichten Vergleich mit aufgabenbasierten Modellen zu ermöglichen, ist hier nochmal ein Beispiel abgebildet.

Eigenschaftsbasiertes Kompetenzmodell
(beispielhafter Auszug)

Zielorientierung
- Kann sich selbständig organisieren
- Bleibt auch in schwierigen Phasen beharrlich und konsequent
- …

Flexibilität
- Stellt sich rasch auf unterschiedliche Menschen und Situationen ein
- Setzt sich gerne mit immer wieder neuen Anforderungen auseinander
- …

(Quelle: Paschen, 2003, S. 55)

Unter *aufgabenbasierten Modellen* werden solche verstanden, die auf der obersten Ebene Aufgaben abbilden (Paschen, 2003). Ein Beispiel für ein aufgabenbasiertes Kompetenzmodell ist nachfolgend dargestellt.

Aufgabenbasiertes Kompetenzmodell (beispielhafter Auszug)
Strukturierung der Vertriebsaufgaben – Effiziente Zeit-, Termin- und Reiseplanung – Sinnvolle Schwerpunktsetzung im Hinblick auf die margenträchtigsten und aussichtsreichsten Kundenkontakte – … *Telefonische Kontaktaufnahme und Terminvereinbarung* – Regelmäßige und selbstdisziplinierte Ansprachen von Neukontakten auf Basis des zur Verfügung gestellten Adressmaterials – Konsequente und souveräne Umsetzung der definierten Gesprächsstrategien für Kaltakquisitionen – … (Quelle: Paschen, 2003, S. 56)

Eigenschaften, Aufgaben und Verhalten integrieren

Wie man sieht, können die auf der obersten Ebene dargestellten Aufgaben im aufgabenbasierten Modell auch als Kompetenzen verstanden werden (z. B. Vertriebsaufgaben strukturieren). Die auf der Ebene darunter befindlichen Aufgaben lassen sich leicht in Verhaltensweisen umformulieren (z. B. „plant seine Zeit, Termine und Reisen sinnvoll"). In Analogie zu den verschiedenen Ebenen der Arbeits- und Anforderungsanalyse (siehe Kapitel 2.1) meinen wir, dass eigenschafts- und aufgabenbasierte Kompetenzmodelle ineinander integrierbar sind. Ein Beispiel für ein solches Modell haben wir bereits in Abbildung 4 vorgestellt. Ein derartiges Modell vereint die Vorteile der verschiedenen Ansätze. Eigenschaften sind stabile Merkmale einer Person und haben eine breitere Gültigkeit als Verhaltensanforderungen. Verhaltensanforderungen hingegen sind konkret formuliert und leichter trainierbar. Aufgabenanforderungen machen klare Verantwortlichkeiten deutlich und können unmittelbar umgesetzt werden. Alle Ebenen gemeinsam machen ein fundiertes Kompetenzmodell aus.

Fazit
Aufgabenbasierte und eigenschaftsbasierte Kompetenzmodelle sind kein Widerspruch, sondern stellen sinnvolle, gemeinsame Elemente von Kompetenzmodellen dar.

3.5 Berücksichtigung verschiedener Komplexitätslevel?

Unterscheidung von Komplexitätsleveln

Für Führungskräfte unterschiedlicher Ebenen (z. B. Führungseinsteiger vs. Top-Management) mag man zwar die gleichen, unternehmensweiten Kompetenzen als relevant erachten; es ist jedoch wahrscheinlich, dass ein Mitarbeiter im Top-Management in höherem Maße über diese verfügen muss als ein Führungseinsteiger. Es ist auch häufig der Fall, dass die Kompetenzen auf andere Art gezeigt werden müssen (z. B. könnte „Analytisches Denken" für Führungseinsteiger wichtig sein bei der Planung von Projekten innerhalb des eigenen Ressorts, Top-Manager benötigen diese Kompetenz in der Regel auch für die Gestaltung und Weiterentwicklung von unternehmensweiten Strategien). Diese Unterschiede können bei der Erstellung von Kompetenzmodellen berücksichtigt werden, indem man eine weitere Differenzierung der Kompetenzmodelle anhand der Komplexitätslevel vornimmt. Konkret bedeutet das, dass man im Kompetenzmodell die Verhaltensebene unterschiedlich konzipiert.

Ausgestaltung der Kompetenz „Überzeugen und Einfluss nehmen" auf verschiedenen Ebenen

Die folgende Abbildung beinhaltet eine beispielhafte Darstellung der Kompetenz „Überzeugen und Einfluss nehmen". Es ist zunächst die übergreifende Definition der Kompetenz dargestellt, so wie sie in einem One-Size-Fits-All Modell enthalten sein könnte. Ergänzend dazu sind Abstufungen der Kompetenz aufgeführt, die für verschiedene Anforderungslevel im Unternehmen gelten könnten. Beispielsweise würde ein Berufseinsteiger an den Anforderungen von Level 1 gemessen.

Definition: Überzeugen und Einfluss nehmen bezeichnet die Kompetenz, andere so zu beeinflussen, dass sie die eigenen Ziele unterstützen. Es bezeichnet auch die Kompetenz, Gelegenheiten so zu nutzen, dass man selbst einen Unterschied macht und Einfluss nimmt.

Level 1	Level 2	Level 3	Level 4
Überzeugt durch Fakten und gute Argumente	Entwickelt gezielte Strategien, um Einfluss zu nehmen	Berücksichtigt auch indirekte Formen der Überzeugung	Benutzt komplexe Beeinflussungs- und Verhandlungsstrategien
Verwendet Veranschaulichungen und Beispiele, um Zustimmung zu erlangen	Passt seine Argumentation geschickt an die Einwände anderer an	Bezieht die Expertise anderer mit ein, um zu überzeugen	Knüpft strategische Partnerschaften, die die Erreichung der Ziele unterstützen

Level 1	Level 2	Level 3	Level 4
Stellt die eigene Position/Meinung nachvollziehbar dar	Liefert durchdachte und strategisch sinnvolle Argumente, um seine Position/Meinung zu vertreten	Bedient sich der Überzeugung und Unterstützung anderer Personen zur Platzierung der eigenen Position/Meinung	Entwickelt Allianzen, baut gezielt flächendeckende Unterstützung für Ideen auf

3.6 Gliederung der verschiedenen Kompetenzen?

Clusterung von Kompetenzen

Für eine bessere Darstellung der Kompetenzen und eine leichtere Kommunikation empfiehlt es sich, mehrere Kompetenzen zu Kompetenzclustern zusammenzufassen. Da die Wahl der Kompetenzcluster jeweils von den unternehmensspezifisch identifizierten Kompetenzen abhängt, können hier keine allgemeingültigen Empfehlungen zur Clusterung ausgesprochen werden. Streng genommen sollte jedes Unternehmen anhand der im Rahmen von Anforderungsanalysen ermittelten Anforderungen auch eine sinnvolle Clusterung empirisch ermitteln (z. B. mithilfe von sog. Faktorenanalysen, die anhand der ohnehin meist vorhandenen Daten durchgeführt werden können). Wir werden dies in Abschnitt 4 noch näher ausführen.

Natürlich findet man in der Literatur einige allgemeine Vorschläge, wie Kompetenzen geclustert werden können. Eine auch in der Praxis weit verbreitete Clusterung sieht vier Bereiche vor: Fachkompetenzen, Methodenkompetenzen, Sozialkompetenzen und Personale Kompetenzen (siehe Sonntag & Schaper, 1999).

Fach-, Methoden-, Soziale und Personale Kompetenzen

Als *Fachkompetenzen* werden in dieser Systematik solche Kompetenzen verstanden, die zur Ausführung der primären Arbeitstätigkeit grundlegend notwendig sind und eher als Wissen oder Expertise bezeichnet werden. Als *Methodenkompetenzen* fasst man Kompetenzen zur strukturierten Beschreibung und Aufbereitung von Problemen als Grundlage für Entscheidungen auf (vgl. Kauffeld, 2002). *Soziale Kompetenzen* betreffen das Miteinander von Menschen im Unternehmen in verschiedenen Konstellationen (in der Führung, in der Teamarbeit, etc.). Als *Personale Kompetenzen* werden solche Kompetenzen bezeichnet, die ein persönliches Einbringen des Mitarbeiters und seiner Ressourcen sowie die Übernahme von Verantwortung und Selbststeuerung erfordern.

Keine Belege für Gültigkeit der Einteilung

Diese Vierteilung hat die Funktion, eine einfache Übersicht oder Einordnungsregel für verschiedene Kompetenzen zur Verfügung zu stellen. Sie resultieren jedoch nicht aus wissenschaftlichen Analysen und reflektieren nicht den wissenschaftlichen Kenntnisstand. Daher sollte diese Einteilungsheuristik nicht herangezogen werden.

Eine ähnliche Vierteilung findet man in dem Kompetenzatlas von Heyse und Erpenbeck (2004), die Personale Kompetenzen, Aktivitäts- und Handlungskompetenzen, Sozial-kommunikative Kompetenzen sowie Fach- und Methodenkompetenzen unterscheiden. Diese Begriffe werden meist phänomenologisch begründet, d. h. sie werden dadurch gerechtfertigt, dass sie die in Unternehmen häufig verwendeten Kompetenzen subsumieren. Es fehlt jedoch auch hier eine überzeugende empirische Basis für diese Vierteilung.

Möchte man aber eine Orientierung aus der Wissenschaft haben, wie Kompetenzen „im Allgemeinen" unterteilt werden können, kann man sich an die von Bartram (2005) vorgeschlagene Einteilung in acht Bereiche (Great Eight) halten (siehe Abschnitt 2.4).

Darüber hinaus sollte berücksichtigt werden, dass Motive, Interessen und Werte eine große Rolle dabei spielen, ob Menschen ihre Kompetenzen auch tatsächlich in berufsrelevante Leistungen umsetzen (siehe Abschnitt 1.2.4). Wir schlagen daher vor, den Aspekt der Motivation explizit in Kompetenzmodellen aufzunehmen, indem jede Kompetenz in eine „Können"- und „Wollen"-Komponente untergliedert wird. Möchte man sich dazu eines etablierten Modells bedienen, so könnte man sogar eine Unterteilung nach Campbell und Kollegen (1996) in Wissen (deklaratives Wissen), Können (prozedurales Wissen und Fähigkeiten) und Wollen (Motivation) vornehmen.

Fazit
Zur besseren Anschaulichkeit und Kommunizierbarkeit sollten Kompetenzmodelle über eine übergeordnete Gliederung anhand von Kompetenzclustern verfügen.

3.7 Berücksichtigung älterer Mitarbeiter bei der Erstellung von Kompetenzmodellen?

Anteil älterer Arbeitnehmer steigt

Aufgrund des demografischen Wandels nimmt die Zahl älterer Arbeitnehmer (über 50 Jahren) in Betrieben stetig zu, während der Anteil jüngerer Arbeitnehmer (unter 50 Jahren) kontinuierlich abnimmt (Bundesministerium für Bildung und Forschung, 2010). Entgegen gängigen Stereotypen geht Altern jedoch nicht nur mit Defiziten einher, sondern auch mit Ressourcen (vgl. Mussel, von der Bruck & Schuler, 2009). Tabelle 8 zeigt, dass sich Altern differenziert auf verschiedene Merkmale auswirkt.

Tabelle 8:
Unterschiede zwischen älteren und jüngeren Personen in verschiedenen berufsrelevanten Merkmalen (nach Mussel et al., 2009)

Höhere Ausprägung bei jüngeren Personen (21–25 Jahre)	höhere Ausprägung bei älteren Personen (50–62 Jahre)	keine Unterschiede
– Kognitive Fähigkeiten – Räumliches Vorstellungsvermögen – Englischgrundkenntnisse – Kreativität – Merkfähigkeit	– Berufliche Leistungsmotivation – Integrität – Soziale Kompetenz – Gewissenhaftigkeit – Vertrauen in die eigene Leistung – Kunden- und Serviceorientierung – Verhalten in Kundensituationen	– Technisch-mechanisches Verständnis – Kognitive Leistung in kaufmännischen Aufgaben

Nutzen altersspezifischer Kompetenzmodelle

Unternehmen, die den demografischen Wandel konstruktiv berücksichtigen wollen, tun also gut daran, die Potenziale älterer Menschen gezielt zu nutzen. Verschiedene Maßnahmen der Personalentwicklung können dazu beitragen, dass auch alternde Belegschaften leistungsfähig und zufrieden bleiben. Derartige Maßnahmen reichen von der betrieblichen Gesundheitsförderung über den Abbau negativer Altersstereotype bis hin zur altersspezifischen Laufbahnplanung. Der Einsatz altersspezifischer Kompetenzmodelle erscheint hierfür sehr sinnvoll und wird auch in Zukunft einen immer höheren Stellenwert einnehmen. Hierdurch können Personalmaßnahmen zielgerichtet den Bedürfnissen älterer Arbeitnehmer angepasst und deren Potenziale genutzt werden. Wie Kompetenzmodelle altersgerecht gestaltet werden können, muss vor dem Hintergrund des jeweiligen Unternehmens und dessen Altersstruktur entschieden werden. Als erste Empfehlung kann genannt werden, im Rahmen der Anforderungsanalyse die verschiedenen Altersgruppen zu berücksichtigen und neben den gängigen Anforderungsmerkmalen auch die Bedürfnisse älterer Mitarbeiter zu berücksichtigen.

Exkurs: Wiedereinstellungschancen älterer Arbeitssuchender

Mussel und Kollegen (2009) untersuchten nicht nur Unterschiede zwischen älteren und jüngeren Personen hinsichtlich berufsrelevanter Merkmale, sondern auch, inwiefern sich diese Merkmale auf die Wiedereinstellungschancen von älteren Arbeitssuchenden auswirken. Es zeigte sich, dass insbesondere allgemeine kognitive Fähigkeiten, soziale Kompetenzen und Leistungsmotivation relevant für die Wiedereinstiegschancen älterer Menschen sind. Mussel und Kollegen schließen daraus, dass ältere Personen besonders in Berufe vermittelt werden sollten, deren Anforderungen in diesen Bereichen liegen (z. B. Berufe im Dienstleistungssektor).

3.8 Wie kann die Akzeptanz des Kompetenzmodells gefördert werden?

Akzeptanz fördern durch Einbeziehen des Managements

Akzeptanz bei den „Betroffenen" ist ein wesentlicher Aspekt, der über Erfolg oder Misserfolg des Kompetenzmodells entscheidet. In einer Online-Befragung erachteten 112 HR-Verantwortliche mehrheitlich die folgenden Faktoren als relevant für die Akzeptanz des Kompetenzmodells (Thomas, 2010): Einbeziehung und Unterstützung des Managements (80 %), Einbeziehung der Mitarbeiter (67 %) sowie unternehmensindividuelle Gestaltung (62 %). Es empfiehlt sich also neben der im Kern einer Kompetenzmodell-Entwicklung stehenden Identifikation von Anforderungen auch die interne Kommunikation auf allen Ebenen zu planen (evtl. durch Hinzuziehen der Kommunikationsabteilung). Konkrete Empfehlungen zu diesem Aspekt finden sich auch in Kapitel 4.

Zusammenfassung

- Zu wissen, auf welche Anforderungen es ankommt, ist immer wichtig. Zu diesen Anforderungen ein Kompetenzmodell zu generieren, ist empfehlenswert, aber nicht zwingend notwendig.
- Die Gültigkeit von bestehenden Modellen sollte regelmäßig geprüft werden.
- Idealerweise werden spezifische Anforderungen, wie sie in Single-Job-Modellen enthalten sind, ebenso in ein Kompetenzmodell integriert, wie unternehmensweit relevante, übergreifende Kompetenzen (wie sie in One-Size-Fits-All-Modellen enthalten sind). So können die jeweiligen Vorteile kombiniert werden.
- Eigenschaftsbasierte und aufgabenbasierte Kompetenzbeschreibungen sollten ebenfalls gemeinsam in Kompetenzmodelle eingehen im Sinne einer Oberflächen- und einer Tiefenstruktur.
- Bei der Entwicklung von Kompetenzmodellen sollten auch die Herausforderungen des demografischen Wandels berücksichtigt werden. Auf die Akzeptanz von Kompetenzmodellen sollte besonderer Wert gelegt werden. Eine Kommunikationsstrategie auf möglichst vielen Ebenen ist unerlässlich.

4 Vorgehen

Im nun folgenden Kapitel sollen aufbauend auf den bereits beschriebenen Definitionen und grundlegenden Modellen konkrete Schritte vorgestellt werden, die bei der Entwicklung eines neuen Kompetenzmodells wichtig sind.

Diese Schritte sind auch in Form einer Checkliste zusammengefasst, die diesem Band beigefügt ist.

In Kapitel 4 werden insbesondere die folgenden Fragen beantwortet:
- Welche konkreten Schritte sind notwendig, um ein Kompetenzmodell zu entwickeln und zu implementieren? Wie sieht das konkrete Vorgehen in den einzelnen Phasen aus? Mit welchen Problemen ist zu rechnen?
- Welche standardisierten und nicht-standardisierten Methoden der Datenerhebung kommen infrage?

4.1 Entwicklung eines Kompetenzmodells

Gute Planung unerlässlich

Die Entwicklung eines Kompetenzmodells besteht aus verschiedenen Einzelschritten. Dabei müssen viele Faktoren berücksichtigt werden, um ein stimmiges Modell zu entwickeln. Um ein Kompetenzmodell als Grundlage für das operative Tagesgeschäft des Personalmanagers nutzbar zu machen, ist es beispielsweise erforderlich, dass die im Modell enthaltenen Kompetenzen operationalisierbar, beobachtbar und messbar sind. Übersieht man diesen Faktor bei der Entwicklung, ist der Nutzen des entwickelten Modells gering. Im folgenden Abschnitt soll eine erste Handlungsanleitung für die eigenständige Entwicklung eines Kompetenzmodells gegeben werden.

In Abschnitt 1.3.2 wurden bereits die „Kernschritte" bei der Entwicklung eines Kompetenzmodells genannt. Diese waren
- Identifikation von Anforderungen und erfolgskritischen Verhaltensweisen (Tiefenstruktur)
- Identifikation der Oberflächenstruktur, d. h. der Kompetenzen
- Entwurf einer Strategie zur Einführung im Unternehmen
- Anpassung der bestehenden Personalinstrumente
- Überprüfung der Angemessenheit des Kompetenzmodells.

Diese Schritte werden ergänzt um weitere Aspekte, die zu einer erfolgreichen Umsetzung beitragen. Das idealtypische Vorgehen ist im Folgenden in der Gesamtübersicht aufgeführt.

Schritte auf dem Weg zum Kompetenzmodell
Festlegung der Zielsetzung
– Für welche Zwecke soll das Kompetenzmodell im Unternehmen Anwendung finden? – Wie stark ist die Entwicklung von bestehenden Personalsystemen (Werte, Leitlinien) abhängig? – In welchem Maße sollen Führungskräfte und Mitarbeiter an der Entwicklung beteiligt sein?

– Für welche Stellen, Funktionen oder Geschäftsbereiche soll das Kompetenzmodell später Gültigkeit besitzen? – Welche Vorgehensweise wird bei der Entwicklung gewählt? – Wird ein komplett neues Modell entwickelt oder orientiert man sich an bereits existierenden Modellen? – Welche Personen und Funktionsträger werden in den Entwicklungsprozess involviert?
Erstellen eines Aktionsplans
– Welche Aufgaben sind zu erfüllen? Wer wird für die Erfüllung dieser Aufgaben zuständig sein? Welche Ressourcen sind hierfür erforderlich?
Identifikation von Anforderungen und erfolgskritischen Verhaltensweisen sowie **Identifikation der Oberflächenstruktur**
– Welche Methoden der Anforderungsanalyse sollen eingesetzt werden? – Durchführung von Anforderungsanalysen – Zusammenführen von Anforderungen und Kompetenzen, d. h. Identifikation der Oberflächenstruktur – Einholen von Feedback zum Kompetenzmodell und Priorisierung der Kompetenzen – Finalisierung des Kompetenzmodells
Entwurf einer Strategie zur Einführung des Kompetenzmodells
– Unterstützung des Managements als Erfolgsfaktor – Transparenz schaffen über Einsatzzweck
Anpassung der Personalinstrumente an die Inhalte des Kompetenzmodells
Überprüfung der Angemessenheit des Kompetenzmodells

4.1.1 Festlegung der Zielsetzung

Für welche Zwecke soll das Kompetenzmodell im Unternehmen Anwendung finden?

Einsatzzweck definieren

Die wichtigste Frage, die vor Beginn der Entwicklung eines Kompetenzmodells beantwortet werden sollte, ist die nach der konkreten Zielsetzung bzw. dem Nutzen, den das Modell in der späteren Anwendung liefern soll. Im ersten Schritt ist es also wichtig, eine klare Aussage dazu treffen zu können, welchen (Business-)Anforderungen das Modell gerecht werden soll.

Nur wenn diese Frage klar beantwortet wurde, wird der spätere Einsatz des Modells gewährleistet und die darauf aufbauenden Instrumente, wie z.B. Personalauswahlverfahren, 360-Grad-Feedbacks etc. finden Akzeptanz und bringen maximalen Nutzen. Zudem ermöglicht eine klare Zielsetzung, dass der Entwicklungsprozess des Modells fokussiert vorangetrieben werden kann. Einen detaillierteren Überblick über die Einsatzmöglichkeiten gibt Abschnitt 1.4.

Die Entscheidung über die Zielsetzung bzw. den späteren Einsatzzweck des Kompetenzmodells bestimmt, wie spezifisch das finale Modell sein wird. So ist es beispielsweise in einem Modell, das im Trainingsbereich Anwendung finden soll, nützlich, die Anforderungen (z.B. Fachkenntnisse, spezielle Fertigkeiten) spezifisch zu formulieren, anstatt sie sehr global zu definieren (z.B. Soziale Kompetenz).

Wie stark ist die Entwicklung von bestehenden Personalsystemen (Werten, Leitlinien) abhängig?

Abhängigkeit von bestehenden Systemen prüfen

Es ist möglich, dass im Zuge eines Kompetenzmodells auch andere Personalinstrumente entwickelt werden oder aber umgekehrt das Kompetenzmodell ein Teil eines umfassenderen Personalkonzeptes sein kann (vgl. Steinweg, 2009). Oftmals wird aber eine Verzahnung sinnvoll sein. In einem solchen Fall sollten Sie die bestehenden Instrumente umfassend analysieren und in Ihre Überlegungen einbeziehen. Viele Informationen können hilfreich sein. Zudem sollte bedacht werden, dass eine Absprache mit jenen Personen stattfinden muss, die ein bestimmtes Personalinstrument verantworten. Empfohlen wird, zusätzliche Zeit einzuplanen, in der die Instrumente aufeinander abgestimmt werden können.

In welchem Maße sollen Führungskräfte und Mitarbeiter an der Entwicklung beteiligt sein?

Beteiligung von Führungskräften und Mitarbeitern

Der Grad der Beteiligung ist eine wichtige Entscheidung, die zu fällen ist. Führungskräfte und Mitarbeiter können relevante Informationen über Anforderungen von Positionen oder die Bedeutsamkeit einzelner Kompetenzen im beruflichen Alltag liefern. Sie einzubeziehen, erhöht – wie bereits erwähnt – die Chance der Akzeptanz des neuen Modells. Soll die Zusammenarbeit mit einem externen Dienstleister erfolgen, trägt die Beteiligung der Mitarbeiter zudem zur Entwicklung eines unternehmensspezifischen Modells bei. Externe Expertise und unternehmensspezifische Erfahrung ergänzen sich in einem solchen Fall. Schließlich hat die Einführung eines neuen Kompetenzmodells immer auch eine Kommunikationsfunktion. Dennoch kann die Situation auch eine geringe Einbeziehung von Führungskräften und Mitarbeitern erfordern, z.B. wenn der zeitliche Druck hoch ist oder ein bestehendes Modell nur geringfügig verändert werden soll.

Für welche Stellen, Funktionen oder Geschäftsbereiche soll das Kompetenzmodell später Gültigkeit besitzen?

Gültigkeitsbereiche festlegen

Zu der Kernfrage der Zielsetzung sollte zusätzlich die Überlegung angestellt werden, ob das Modell übergreifend im Sinne des One-Size-Fits-All-Ansatzes oder als spezifisches Single-Job-Modell gelten soll. Aus praktischer Sicht empfiehlt sich in größeren Unternehmen zunächst die Entwicklung eines One-Size-Fits-All-Modells und daraus die Ableitung der Single-Job-Anforderungen. Orientiert man sich an dieser Vorgehensweise, ist sichergestellt, dass neben den spezifischen Anforderungen auch die übergreifenden Unternehmensziele und -strategien Berücksichtigung finden.

Welche Vorgehensweise wird bei der Entwicklung gewählt?

Man kann zwei grundsätzliche Vorgehensweisen bei der Entwicklung eines Kompetenzmodells unterscheiden: Bottom-Up oder Top-Down.

Bottom-Up-Vorgehensweise

- *Bottom-Up*

Diese Vorgehensweise beschreibt die Entwicklung des Modells ausgehend von einer Detailebene. Die Bottom-Up-Methode lässt sich in verschiedene Phasen untergliedern, die nacheinander durchgeführt werden. Der Fokus einer derartigen Vorgehensweise liegt im ersten Schritt vor allem auf der empirischen Identifizierung der Anforderungen. Dies kann auf verschiedene Arten geschehen (siehe Abschnitt 2.1 sowie für konkrete Methoden der

Bottom-Up-Vorgehen	
1 Anforderungs-analysen	• Verwendung etablierter Methoden der Anforderungsanalyse • Identifikation der Anforderungen von konkreten Tätigkeiten • Zeitlicher Aufwand: abhängig von Unternehmensgröße; 2–10 Tage
2 Formulierung von Kompetenzen	• Zusammenfassung einzelner Anforderungen zu Kompetenzen • Wahl von alltagssprachlichen Kompetenzbegriffen • Zeitlicher Aufwand: 0.5–2 Tage
3 Kompetenz-modell	• Aufarbeitung der Kompetenzen in einem Kompetenzmodell, z. B. durch geeignete Visualisierung, Zusammenfassung der Kompetenzen in Kompetenzclustern etc. • Zeitlicher Aufwand: 1–2 Tage

Abbildung 12:
Schematische Darstellung des Bottom-Up-Vorgehens

Anforderungsanalyse Abschnitt 4.2). Beispielsweise könnte man eine personenbezogen-empirische Anforderungsanalyse durchführen, indem man psychologische Merkmale identifiziert, in denen sich Low- und High-Performer unterscheiden. Es können aber auch systematisch Merkmale des Arbeitsplatzes oder Critical Incidents erhoben und in Anforderungen übersetzt werden. Im nächsten Schritt werden die Anforderungen zusammengefasst zu Kompetenzen, für letztere werden zudem alltagssprachliche Begriffe formuliert. Schließlich erfolgt die finale Ausgestaltung des Kompetenzmodells. Dieser Prozess ist natürlich stark verkürzt und dient hier nur der Illustration der Bottom-Up-Strategie (siehe Abbildung 12).

Top-Down-Vorgehensweise

- *Top-Down*

Die pragmatische und deutlich verbreitetere Vorgehensweise ist die Top-Down-Methode, bei der in einem Expertenteam (idealerweise unter Beteiligung der Unternehmensleitung und des strategischen Managements) übergreifende Kompetenzen formuliert werden, die später in spezifischere Anforderungen überführt werden können. In der psychologischen Literatur wird dieses Vorgehen meist als erfahrungsbasiert-intuitive Arbeits- und Anforderungsanalyse beschrieben. Konkret bedeutet das meist, dass Workshops mit der Führungsriege eines Unternehmens durchgeführt werden. Der Vorteil des Top-Down-Vorgehens liegt darin, dass durch die Einbindung des Top-Managements zu einem sehr frühen Zeitpunkt auch von vornherein die zukünftigen Entwicklungen und Ziele des Unternehmens berücksichtigt werden können. Die global formulierten Kompetenzen müssen dann im nächsten Schritt konkretisiert und auf die jeweiligen Ebenen im Unternehmen angepasst werden. Der Leitgedanke dabei ist: Wie zeigt sich eine bestimmte Kompetenz bei der Ausführung einer bestimmten Tätigkeit? Als konkretes Beispiel könnte man sich fragen: Wie zeigt sich strategisches Denken und Handeln im Rahmen der Führungsaufgaben einer Führungskraft der 2. Berichtsebene? Die Antworten auf solche und ähnliche Fragen geben Anhaltspunkte für die konkretere Formulierung der Kompetenzen auf den verschiedenen Ebenen des Kompetenzmodells. Es besteht bei dem Top-Down-Vorgehen jedoch die Gefahr, dass die Passung zu einer spezifischen Stelle im Unternehmen geringer sein kann als unter Verwendung der Bottom-Up-Methode. Dies liegt daran, dass man bei der Identifikation der Kompetenzen eine globale Perspektive eingenommen hat, die nicht allen intendierten Zielgruppen des Kompetenzmodells gleichermaßen gerecht wird. Die verschiedenen Schritte des Top-Down-Vorgehens sind verkürzt in Abbildung 13 abgebildet.

Diese Ausführungen zeigen auch, dass sich die Top-Down- und die Bottom-Up-Vorgehensweise nicht gegenseitig ausschließen. Idealerweise werden sie sinnvoll miteinander kombiniert, indem relevante Anforderungen empirisch und auf der kleinsten sinnvollen Ebene identifiziert werden, dabei

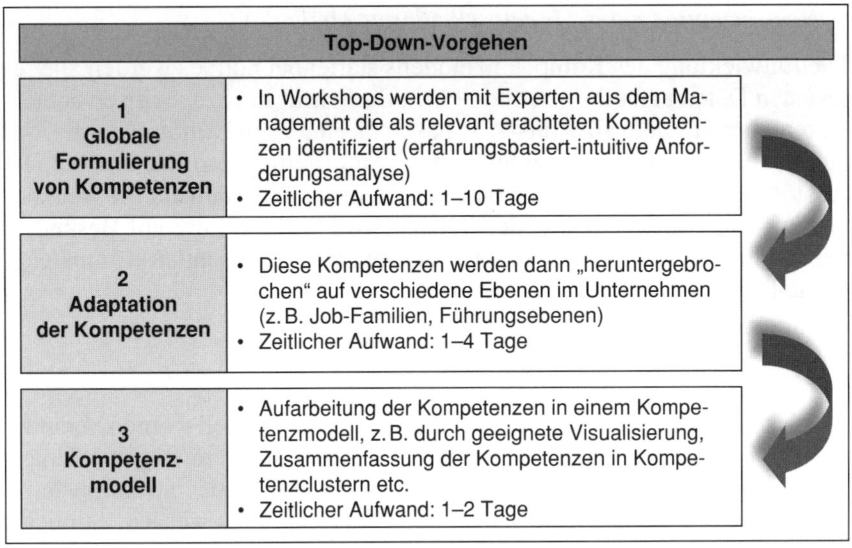

Abbildung 13:
Schematische Darstellung des Top-Down-Vorgehens

jedoch gleichzeitig das Management übergeordnete Kompetenzen in Workshops identifiziert. Diese beiden Perspektiven können anschließend vergleichend analysiert und zu einer möglichst großen Schnittmenge vereint werden.

Fazit

Im Idealfall werden beide Vorgehensweisen integriert sowie mehrere Methoden der Identifikation von Anforderungen und Kompetenzen genutzt, um die jeweiligen Ergebnisse zu einem Kompetenzmodell zu integrieren, das sowohl globale, unternehmensweite als auch tätigkeitsspezifische Kompetenzen beinhaltet.

Wird ein komplett neues Modell entwickelt oder orientiert man sich an bereits existierenden Modellen?

Neben der Frage danach, ob ein Kompetenzmodell nach dem Top-Down- oder Bottom-Up-Ansatz entwickelt wird, ist ebenfalls zu klären, ob man sich in der Entwicklung an einem bereits bestehenden Modell oder Stellenbeschreibungen orientiert (bzw. orientieren kann) oder ob die Konzeption ohne eine „Vorlage" durchgeführt wird (Lucia & Lepsinger, 1999).

Reißbrett-Methode

- *Neukonzeption eines Modells (Reißbrett-Methode)*

Die Entwicklung des Kompetenzmodells startet bei null; es werden alle relevanten Daten neu erhoben und Schritt für Schritt in ein spezifisch auf das Unternehmen (One-Size-Fits-All) bzw. auf eine Zielposition (Single-Job) zugeschnittenes Kompetenzmodell bzw. Anforderungsprofil überführt. Die Ausführungen in diesem Band beziehen sich hauptsächlich auf die Neukonzeption eines Kompetenzmodells, daher wird hier nur kurz auf Besonderheiten eingegangen, die für die Anpassung eines bestehenden Kompetenzmodells gelten (Adaptations-Methode).

Adaptations-Methode

- *Anpassung eines bestehenden Modells (Adaptations-Methode)*

An einem bereits existierenden Kompetenzset oder -modell werden Veränderungen vorgenommen, um eine möglichst hohe Passung zum eigenen Unternehmen zu erreichen. Verfügt das Unternehmen bereits über ein Kompetenzmodell und soll lediglich eine Anpassung vorgenommen werden, empfiehlt sich diese Methode allein schon aus Effizienzgründen.

In Tabelle 9 werden die möglichen Teilschritte der beiden Vorgehensweisen gegenübergestellt.

Wie aus der Gegenüberstellung ersichtlich wird, beginnt die Adaptations-Methode dort, wo die Reißbrett-Methode endet: bei der Überprüfung der Angemessenheit eines Kompetenzmodells. Dies geschieht in der Regel durch erneute Anforderungsanalysen. Konkret könnte dies folgendermaßen aussehen: Die Ergebnisse der auf Basis des Kompetenzmodells in der Personalauswahl eingesetzten Instrumente werden den beruflichen Leistungen der Stelleninhaber gegenübergestellt. Ergibt sich hier ein substanzieller Zusammenhang, ist dies ein gutes Indiz für die Gültigkeit des Kompetenzmodells. Ist der Zusammenhang allerdings deutlich geringer als es für die eingesetzten Instrumente zu erwarten wäre, so sollte man die uneingeschränkte Gültigkeit des Kompetenzmodells infrage stellen. Darüber hinaus empfiehlt es sich auch, Befragungen von Experten zur aktuellen Relevanz der im Kompetenzmodell enthaltenen Kompetenzen vorzunehmen. In der Praxis wird eine Überarbeitung eines Kompetenzmodells oft auch durch einen Wechsel der Unternehmensstrategie oder durch Zusammenschluss von Unternehmen angestoßen.

Je nach Umfang der vorzunehmenden Veränderungen kann es sinnvoll sein, eher pragmatisch vorzugehen und von Experten geleitet leichte Anpassungen vorzunehmen, oder aber nochmals unternehmensweit Anforderungsanalysen durchzuführen (d. h. bei Punkt 1 zu beginnen). Die weiteren Schritte nach der inhaltlichen Anpassung des Kompetenzmodells sind weitgehend synchron zu den entsprechenden Schritten im Rahmen einer Neukonzeption.

Tabelle 9:
Gegenüberstellung der Reißbrett- und Adaptations-Methode
(vgl. dazu auch Lucia & Lepsinger, 1999)

	Reißbrett-Methode	Adaptations-Methode
1	Identifikation der erfolgskritischen Verhaltensweisen und Anforderungen	
2	Identifikation der Oberflächenstruktur, d.h. der Kompetenzen	
3	Entwurf einer Strategie zur Einführung des Kompetenzmodells im Unternehmen	
4	Anpassung der bestehenden Personalinstrumente an die Inhalte des Kompetenzmodells	
5	Überprüfung der Angemessenheit des Kompetenzmodells	Überprüfung der Angemessenheit des Kompetenzmodells
6		Identifikation der Bereiche des Kompetenzmodells, die einer Anpassung bedürfen (z.B. für bestimmte Führungsebenen anpassen oder bestimmte Kompetenz anpassen)
7		Je nach Ergebnis aus Punkt 6: punktuelle Anpassung oder Beginn bei Punkt 1
8		Entwurf einer Strategie zur Kommunikation des modifizierten Kompetenzmodells im Unternehmen
9		Anpassung der bestehenden Personalinstrumente an die Inhalte des Kompetenzmodells
10		Überprüfung der Angemessenheit des Kompetenzmodells

Welche Personen und Funktionsträger werden in den Entwicklungsprozess involviert?

Funktionsträger definieren

Bei der Entwicklung eines Kompetenzmodells hängt der Erfolg stark davon ab, welche unterschiedlichen Teilnehmer in das Projektteam einbezogen werden. Werden Angehörige verschiedener Funktionsstufen (z.B. Bereichsleiter, Regionalleiter) einbezogen, kann dies die Akzeptanz für die spätere Implementierung und Nutzung des Kompetenzmodells positiv beeinflussen (Scheffer, Schmitz & Sarges, 2007). Entscheidend für den späteren Erfolg und den tatsächlichen Einsatz des Modells ist auch die Beteiligung von Vertretern der Unternehmensleitung (siehe auch die Empfehlungen zur Kombination von Top-Down- und Bottom-Up-Strategien). Empfehlenswert ist zudem, Mitglieder des Betriebsrates in den gesamten Entwicklungsprozess einzubinden. So wird die größtmögliche Transparenz geschaffen und zudem die Perspektive dieser Interessensvertreter mit berücksichtigt. Ergänzt wird das Projektteam häufig durch externe Berater, die steuernd in den Prozess eingreifen und als Experten bei der Präzisierung und Ausformulierung der Kompetenzen unterstützen. Ihre Rolle im Prozess ist nicht zu unterschätzen, da sie als Externe nicht „betriebsblind" sind und eine (weitgehend) objektive Außenperspektive einbringen. Zudem bringen spezialisierte externe Dienstleister nochmal ein hohes Maß an Expertise mit.

4.1.2 Erstellen eines Aktionsplans

Welche Aufgaben sind zu erfüllen?
Wer wird für die Erfüllung dieser Aufgaben zuständig sein?
Welche Ressourcen sind hierfür erforderlich?

Festlegen der zu erledigenden Aufgaben

Der Aktionsplan ist das primäre Instrument, um den anfallenden Arbeitsaufwand zu kalkulieren und die Umsetzung zu überprüfen. Zudem dient er dazu, ein gemeinsames Verständnis über die zu erledigenden Aufgaben und die Verteilung der Verantwortlichkeiten mit den Projektteammitgliedern herzustellen. Der Aktionsplan beinhaltet weiterhin die Schätzung über die notwendigen personellen, zeitlichen, finanziellen und technischen Ressourcen. Die Ausgestaltung des Aktionsplans kann je nach Zielstellung des Projektes stark variieren. Bei kleineren Projekten wie beispielsweise der Erstellung von Single-Job-Modellen reichen wenige Wochen für die Umsetzung, wohingegen die Erstellung eines unternehmensweiten Kompetenzmodells mehrere Monate oder auch Jahre in Anspruch nehmen kann. Als grobe Richtlinie ist aus der Erfahrung mit verschiedenen Projekten im Mittel mit einer Dauer von zwei bis drei Monaten zu kalkulieren. Hierbei ist die Phase der Implementierung und Umsetzung in HR-Maßnahmen noch nicht inbegriffen.

Aktionsplan möglichst konkret gestalten

Der Aktionsplan sollte möglichst konkret die verschiedenen Projektschritte, Verantwortlichkeiten, Zeitplanung und Ressourcenplanung enthalten. Als grobe Struktur für den grundsätzlichen Ablauf können die weiter oben beschriebenen Schritte einer Top-Down- bzw. Bottom-Up-Vorgehensweise verwendet werden. Eine Vorlage kann folgende Struktur haben:

Tabelle 10:
Mögliche Struktur eines Aktionsplans

Was?	Benötigte Ressourcen?	Verantwort-lichkeit?	Beginn?	Abschluss?
Benennen und Einladen der Mitglieder der Projektgruppe	Zugriff auf Datenbank des Unterneh-mens, Zugriff auf Daten der Stelleninhaber	Interner Pro-jektleiter + ex-terner Berater	01.02.2012	03.02.2012
Vorbereitung der Themen für erstes Pro-jektgruppen-treffen	–	Interner Pro-jektleiter + ex-terner Berater	01.02.2012	03.02.2012
...	...	...	...	...

Nachdem der Aktionsplan erfolgreich aufgesetzt wurde, startet die Umsetzung anhand der festgelegten Schritte und der gewählten Datenerhebungsmethode. Das Resultat dieses Prozesses ist ein erster Entwurf eines Kompetenzmodells, der in einem nächsten Schritt einer Überprüfung unterzogen werden sollte.

4.1.3 Durchführung der Anforderungsanalyse

Welche Methoden der Anforderungsanalyse sollen eingesetzt werden?

Wie aus den vorangegangenen Abschnitten ersichtlich geworden ist, gibt es nicht *die eine Vorgehensweise* bei der Erstellung eines Kompetenzmodells. Zudem gibt es auch noch unterschiedliche Methoden, die in der Datengewinnung, d. h. der Anforderungsanalyse, zum Einsatz kommen können.

Methoden der Anforderungsanalyse
Als mögliche Methoden führt Schuler (2007, S. 295) auf: – Beobachtung – Interviews/Befragungen – Fragebogenerhebungen – Beschäftigung mit dem Arbeitsmaterial – Auswertung schriftlichen Materials – Arbeitsausführung durch den Arbeitsanalytiker.

Zudem können Workshops mit Experten zum Einsatz kommen. Wenn Daten zu bestimmten Merkmalen der Stelleninhaber und deren beruflichen Leistungen vorliegen, können diese auch miteinander verglichen werden (personenbezogen-empirische Anforderungsanalyse): Merkmale, die relevant sind, also Anforderungen der Tätigkeit darstellen, sollten bei den Stelleninhabern hoch ausgeprägt sein, die hohe berufsbezogene Leistungen erbringen. Einige der hier aufgeführten Methoden werden in Kapitel 4.2 näher dargestellt.

Es gibt hierbei eine große Schnittmenge an Methoden, die sowohl bei Anforderungsprofilen (also bei Single-Job-Modellen) als auch bei der Generierung von Kompetenzmodellen für One-Size-Fits-All zum Einsatz kommen. Es gibt jedoch auch einige Unterschiede. So wird bei einem Single-Job-Modell eher der Einsatz von standardisierten Fragebögen sinnvoll sein, wohingegen bei One-Size-Fits-All-Kompetenzmodellen eher qualitative Vorgehensweisen, wie z. B. das Führen von Interviews oder Expertenworkshops im Vordergrund stehen. In Abschnitt 4.2 wird auf diese Verfahren noch einmal genauer eingegangen.

Auf Oberflächen- und Tiefenstruktur achten

Neben der Unterscheidung zwischen Single-Job- versus One-Size-Fits-All-Modellen, also der Unterscheidung der Generalität der Kompetenzmodelle, ist eine weitere Unterscheidung wichtig: In Kapitel 1.2.2 wurde zwischen Oberflächen- und Tiefenstruktur von Kompetenzmodellen unterschieden. Es wurde dargelegt, dass auf der Oberflächenebene Kompetenzen aufgeführt werden sollten, in der Tiefen-struktur dann Anforderungsmerkmale (z. B. konkrete erfolgskritische Verhaltensweisen). Diese Unterscheidung korrespondiert mit der in Kapitel 3.4 aufgeführten Unterscheidung zwischen eigenschaftsbasierten und aufgabenbasierten Kompetenzmodellen. Bei der Wahl der Methode der Datengewinnung sollte vor allem darauf geachtet werden, dass die Erkenntnisse sowohl hinsichtlich der Oberflächen- als auch der Tiefenstruktur eines Kompetenzmodells entstehen.

Durchführung von Anforderungsanalysen

Verschiedene Methoden der Anforderungsanalyse sind in Kapitel 4.2 noch einmal genauer aufgeführt.

Zusammenführen von Anforderungen und Kompetenzen, d. h. Identifikation der Oberflächenstruktur

Die verschiedenen Methoden der Anforderungsanalyse liefern unterschiedliche Erkenntnisse. Aus der personenbezogen-empirischen Vorgehensweise sowie der arbeitsplatzanalytisch-empirischen Vorgehensweise, die beide häufig im Rahmen eines Bottom-Up-Vorgehens eingesetzt werden, resultieren Anforderungen, die eher als psychologische Merkmale zu bezeichnen sind. Gängige Merkmale, die in diesem Zusammenhang genannt werden könnten, sind Intelligenz und Gewissenhaftigkeit, aber auch Begriffe, die dem psychologischen Laien wenig bekannt sein dürften, wie z. B. Ambiguitätstoleranz.

Ein Vorgehen nach der Top-Down-Strategie, die eher erfahrungsbasiert-intuitive Anforderungsanalysen (Workshops, Interviews) verwendet, wird eher Anforderungen „produzieren“, die als Kompetenzen zu bezeichnen sind. Gängige Begriffe sind beispielsweise: Strategisches Denken und Handeln sowie Kunden- und Serviceorientierung.

Wie bereits mehrfach erwähnt, empfiehlt es sich, sowohl psychologische Merkmale als auch Kompetenzen auf verschiedenen Ebenen eines Kompetenzmodells zu integrieren. Dies ist keine leichte Aufgabe, sie erfordert einen intensiven Austausch zwischen den Beteiligten. Dies sind zum einen die Experten im Unternehmen, die die Kompetenzbegriffe im Rahmen des Top-Down-Vorgehens geprägt haben und die das Kompetenzmodell im Alltag nutzen sollen sowie zum anderen die psychologisch geschulten Experten, die etablierte psychologische Merkmale und Modelle kennen und alltagssprachlich übersetzen können. Häufig ist dieser Austausch geprägt davon, dass die Experten im Unternehmen gefragt werden: „Was genau meinen Sie denn, wenn Sie von strategischem Denken und Handeln sprechen?“ Die Antwort auf diese Fragen sollte stets auf die psychologischen Merkmale fokussieren, die den Kompetenzbegriffen zugrunde liegen. Gleichzeitig empfiehlt es sich auch, die im Rahmen des Bottom-Up-Vorgehens identifizierten psychologischen Merkmale sinnvoll zu gruppieren und Kompetenzen als Sammelbegriffe für diese zu formulieren. Diese Kompetenzen können dann wiederum mit denen des Top-Down-Vorgehens abgeglichen werden. Im Rahmen eines iterativen Prozesses gelangt man so Schritt für Schritt zu einem ersten Entwurf eines Kompetenzmodells, der auch in der Unternehmenspraxis kommunizierbar ist.

Als Hilfestellung für den wichtigen Prozess der Überführung von alltagsprachlich formulierten Kompetenzen in psychologische Merkmale (und umgekehrt) haben wir in den Abschnitten 2.2 bis 2.4 gängige Kompetenzen und etablierte psychologische Merkmale dargestellt, an denen man sich orientieren kann.

Einholen von Feedback zum Kompetenzmodell und Priorisierung der Kompetenzen

Bedeutung der Augenscheinvalidität

Bei der Überprüfung des Kompetenzmodells sollte vor allem auf die Augenscheinvalidität geachtet werden, die für die spätere Akzeptanz des Modells von entscheidender Bedeutung ist. Hierunter versteht man die augenscheinliche Passung des Modells zu den wahrgenommenen Anforderungen im Unternehmen durch die Belegschaft. Um die Augenscheinvalidität sicherzustellen und gleichzeitig eine Priorisierung der erhobenen Kompetenzen vorzunehmen, können nach Lucia und Lepsinger (1999) zwei Wege beschritten werden: Einholen von Feedback aus einer Projektgruppe oder Durchführung einer Befragung.

Sammlung von Daten zur Überprüfung des Modellentwurfs

In beiden Fällen geht es darum, die Passgenauigkeit und Relevanz des Modellentwurfs zu überprüfen. Die Befragten sind bei beiden Vorgehensweisen zum einen Stelleninhaber und weitere Beteiligte im vorherigen Entwicklungsprozess, die eine Rückmeldung zum Modell geben. Ergänzend können für die Erhebung quantitativer Daten beispielsweise Fragebögen vorgegeben werden, in denen die Kompetenzen des Erstentwurfs des Modells enthalten sind. Die Befragten bewerten z. B. auf einer fünfstufigen Skala, wie wichtig bzw. unwichtig die im Modell enthaltenen Kompetenzen und Verhaltensbeschreibungen aus ihrer Sicht für das Unternehmen sind. Die Vor- und Nachteile von Befragungen gegenüber dem Feedback durch Projektgruppen sind in der folgenden Übersicht gegenübergestellt.

Tabelle 11:
Darstellung von Vor- und Nachteilen von Befragungen vs. Projektgruppen im Rahmen der Prüfung eines Kompetenzmodells (angelehnt an Lucia & Lepsinger, 1999, S. 95)

	Befragung	Projektgruppe
Vorteile	– Es kann schnell und mit wenig Aufwand eine große Anzahl an Personen befragt werden – Die Beantwortung eines Fragebogens lässt sich für die Befragten leicht in den täglichen Arbeitsablauf integrieren – Als Ergebnis der Befragung ergeben sich Datensätze, die statistischen Analysen unterzogen werden können – Die Anonymität der Befragung erhöht die Wahrscheinlichkeit offener Rückmeldung	– Die Rückmeldungen können differenziert gesammelt werden – Aufgrund der Dynamik der Gruppe und gemeinsamer Diskussionen ergeben sich häufig zusätzliche wertvolle Informationen
Nachteile	– Keine qualitativen Rückmeldungen möglich – Es lässt sich nur der Status quo bewerten, neue Ideen können nicht aufgenommen werden	– Die Diskussion der Projektgruppe erfordert einen erfahrenen Moderator – Die gewonnenen qualitativen Daten sind schwer mit standardisierten Methoden zu analysieren – Einzelne Mitglieder der Gruppe kommen ggf. nicht zu Wort/einzelne Personen drängen sich in den Vordergrund – Größerer Zeitaufwand für Terminierung und Durchführung

Auswertung unter Berücksichtigung der Quelle

Aus den gewonnenen Daten können Informationen darüber abgeleitet werden, welche Kompetenzen des Modells als besonders wichtig bzw. unwichtig erachtet werden. Hierbei sollte unbedingt in Betracht gezogen werden, dass sich die Einschätzungen verschiedener Abteilungen oder Personengruppen – vor allem bei der Auswertung einer Befragung – gegenseitig „ausmitteln“ können. Beispielsweise wird es Kompetenzen geben, die aus Sicht der IT-Abteilung weniger relevant sind, in der Marketingabteilung aber einen hohen Stellenwert haben. Solche differierenden Einschätzungen sind zu erwarten. Sie sollten einer gesonderten Betrachtung unterzogen werden und ggf. in Form von verschiedenen organisationalen Ebenen im Kompetenzmodell berücksichtigt werden (siehe Abschnitt 3.3).

Auswertung der Mittelwerte und Häufigkeiten

In einer einfachen Auswertungsvariante für eine durchgeführte Befragung werden die Mittelwerte für einzelne Kompetenzen und Verhaltensbeispiele sowie die Häufigkeiten für die verschiedenen Antwortkategorien bestimmt. Eine beispielhafte Auswertung einer Befragung von 75 Personen ist in Tabelle 12 anhand der Kompetenz *Kunden- und Serviceorientierung* dargestellt:

Tabelle 12:
Beispiel für eine einfache Auswertung einer Umfrage zur Validierung einer Kompetenzmodells

	Mittelwert (1 = gar nicht wichtig; 5 = essenziell wichtig)	**Häufigkeit der Antworten pro Kategorie**				
		1	**2**	**3**	**4**	**5**
Kunden- und Serviceorientierung	4.1	0	5	10	35	25
– Proaktiv den Bedarf des Kunden ermitteln	3.6	3	6	20	34	12
– Passende Angebote unterbreiten	4.0	0	2	17	33	23
– Balance zwischen Kundenwünschen und Unternehmensinteressen herstellen	4.3	0	5	5	28	37
– ...	...	...	...	...	...	...

Anpassung des Modellentwurfs anhand der Analysedaten

Auf Basis dieser Daten wird das Modell noch einmal angepasst. Für das obige Beispiel der Kunden- und Serviceorientierung ergibt sich kein Handlungsbedarf. Die Zustimmung zu der Kompetenz selbst und auch zu den einzelnen Verhaltensbeispielen ist als hoch zu bezeichnen. Generell kann es aber nach einer solchen Analyse erforderlich sein, ganze Kompetenzen hinzuzufügen, zu löschen oder umzudefinieren. Zudem müssen ggf. Verhaltensbeispiele für die einzelnen Kompetenzen angepasst werden.

Methode des systematischen Paarvergleichs

Alternativ oder in Ergänzung zu der hier dargestellten Befragungsmethode kann auch die Methode des systematischen Paarvergleichs verwendet werden. Hierbei werden die Kompetenzen nicht einzeln hinsichtlich ihrer Relevanz bewertet, sondern im Vergleich zueinander, sodass eine Rangreihe der Wichtigkeit der Kompetenzen entsteht. Dies ist besonders dann sinnvoll, wenn eine Priorisierung innerhalb eines großen Sets an Kompetenzen vorgenommen werden muss, z. B. weil es aus pragmatischen Aspekten gar nicht möglich ist, alle identifizierten Anforderungen in ein Kompetenzmodell oder auch das Anforderungsprofil für eine spezifische Stelle aufzunehmen.

- *Einschub: PaiRS*

PaiRS

Zur Priorisierung von Kompetenzen hat sich in der Praxis das Paarvergleichsverfahren PaiRS (Pair-comparison Ratio Scaling; Staufenbiel & Kleinmann, 2002) bewährt. Das Verfahren wird computergestützt durchgeführt und ist daher zeitsparend in der Praxis einsetzbar. Aufgabe der befragten Experten im Unternehmen ist, jeweils zwei Merkmale zu vergleichen und anzugeben, welches Merkmal wichtiger ist.

Gewichtung von Anforderungen

Falls die Anforderungen nicht gleich gewichtet werden, wird im nächsten Schritt auf einer mehrstufigen Skala eingeschätzt, um wie viel wichtiger eine Anforderung für den beruflichen Erfolg ist.

Relevanz als prozentuale Angabe

Alle relevanten Kompetenzen werden in derartigen Paarvergleichen so oft gegenübergestellt, bis das Programm anhand eines bestimmten Algorithmus eine hinreichende Konsistenz der Urteile identifiziert oder eine maximale Anzahl von Vergleichen stattgefunden hat. Ergebnis sind die Gewichtungswerte für alle Kompetenzen, angegeben in Prozent. Eine Kompetenz, die mit 80 % Relevanz gewichtet wurde, ist doppelt so bedeutsam für die erfolgreiche Ausübung der Position wie eine Kompetenz mit 40 % Relevanz. Zudem bietet das Programm die Möglichkeit, neben den Gewichtungen der Kompetenzen auch Aussagen über die Stimmigkeit (Konsistenz) der Bewertungen zu machen.

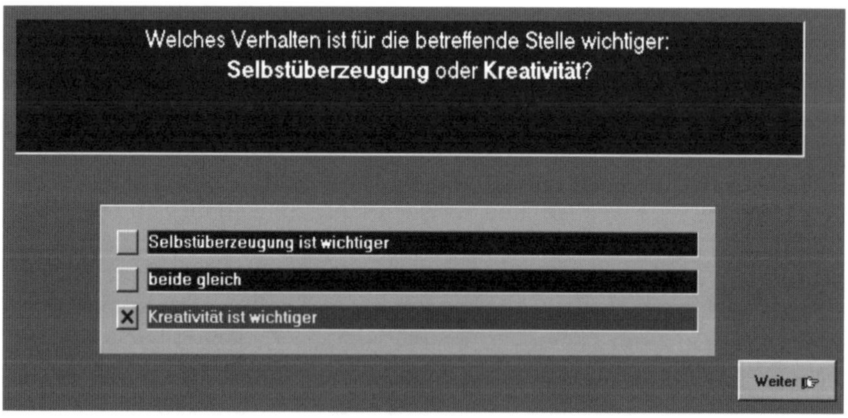

Abbildung 14:
Screenshot 1 des Paarvergleichprogramms PaiRS (Staufenbiel, 2000)

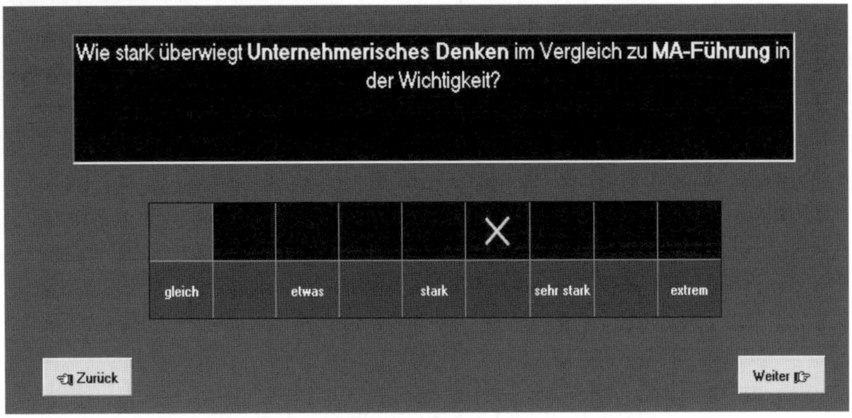

Abbildung 15:
Screenshot 2 des Paarvergleichprogramms PaiRS (Staufenbiel, 2000)

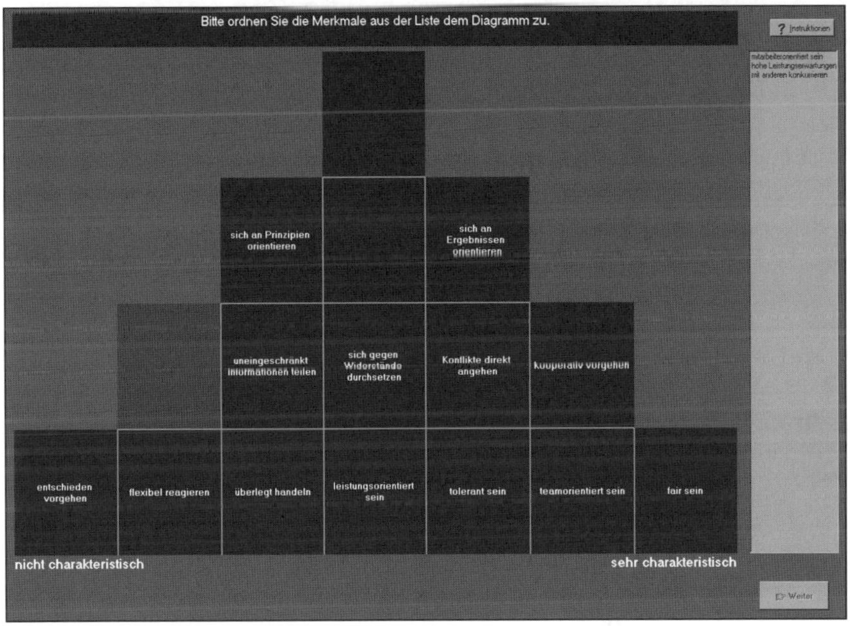

Abbildung 16:
Screenshot der Q-Sort-Methodik (Staufenbiel, 2000)

In der Regel bietet es sich an, die PaiRs-Methode im Rahmen einer Projektgruppe anzuwenden. Neben der zeitlichen Effizienz bietet dies die Möglichkeit, die Ergebnisse gemeinsam zu diskutieren. Um dabei strukturiert vorzugehen und einen systematischen Abgleich zwischen der subjektiven Einschätzung und der statistischen Auswertung zu erlangen, kann die Q-Sort- **Q-Sort-Methode**

Methodik eingesetzt werden. Hierbei bewertet die Gruppe die bedeutsamsten durch PaiRS identifizierten Kompetenzen hinsichtlich der subjektiven Relevanz. Allerdings wird dabei keine klassische Rangreihe verwendet, sondern die Anordnung erfolgt mithilfe einer Pyramide, wie Abbildung 16 verdeutlicht. Diese Anordnung gibt vor, dass nur wenige Kompetenzen an den Extremen angeordnet werden können. In der Mitte zwischen „nicht charakteristisch“ (gleichzusetzen mit „weniger bedeutsame Kompetenz“) und „sehr charakteristisch“ (gleichzusetzen mit „sehr bedeutsame Kompetenz“) können mehrere Merkmale angeordnet werden. So ergibt sich eine sinnvolle Verteilung der zu priorisierenden Merkmale.

Aufwand bei der Anwendung von PaiRS

Die Erfahrungswerte für die Dauer eines Workshops, in dem die PaiRS-Methodik angewendet wird, liegen bei ca. 1–1.5 Stunden bei einer Gruppengröße von 4–5 Personen und 15 Kompetenzen. Bei einer großen Gruppe besteht durchaus die Möglichkeit, die Paarvergleiche in 2er- oder 3er Gruppen durchzuführen.

Paarvergleichsmethode in Kürze	
Ziel des Verfahrens	Gewichtung und Selektion von Kompetenzen oder Verhaltensanforderungen. Sowohl geeignet für die Auswahl und Gewichtung von Kompetenzen für ein Single-Job-Modell oder z. B. auch für die Erstellung eines Kompetenzprofils für eine gesamte Führungsebene als Basis für die Implementierung eines Assessment-Centers.
Theoretische Grundlagen	Methode der Paarvergleiche. Speziell das dargestellte Verfahren PaiRS basiert auf der Methode der Paarvergleiche von Saaty (1980) und wird durch einen vorgegebenen Algorithmus automatisch ausgewertet.
Durchführung	Die Paarvergleichsmethode kann z. B. in einem Workshop am Flipchart oder mit Moderationskarten durchgeführt werden. PaiRS hingegen ist ein computergestütztes Verfahren, das mit den bereits an der Anforderungsanalyse beteiligten Personen durchgeführt wird. Die Kompetenzen werden dabei in Paarvergleichen gegenübergestellt und müssen gewichtet werden. Die Anwendung erfolgt in der Regel in einer Gruppe.
Zugänglichkeit	Die Computervariante PaiRS ist in der beschriebenen Variante nicht frei verfügbar. Der Bezug ist auf Nachfrage bei den Autoren des Programms möglich. Alternativ kann, z. B. unter Verwendung eines Tabellenkalkulationsprogramms, eine eigene computergestützte Lösung erstellt werden.

Nachdem die Akzeptanzprüfung abgeschlossen ist, sollte das Modell über einen hohen Grad an Augenscheinvalidität verfügen. Es wurden zudem noch einmal die unterschiedlichen Schlüsselpersonen in den Anpassungsprozess einbezogen, sodass deren Zustimmung zum Modell weiter erhöht wird. Nun kann das Kompetenzmodell finalisiert werden.

Finalisierung des Kompetenzmodells

Abgleich mit wissenschaftlichen Modellen

In der finalen Version des Kompetenzmodells sollten (fast) nur noch die Kompetenzen enthalten sein, die sich sowohl in den Arbeits- und Anforderungsanalysen ergeben haben als auch in der Akzeptanzprüfung bewährt haben. Gegebenenfalls kann bei der Finalisierung auch nochmals ein Abgleich der ermittelten Kompetenzen mit wissenschaftlich etablierten Modellen (siehe Kapitel 2) erfolgen. So kann eine Zuordnung von wissenschaftlichen Begrifflichkeiten zu den ermittelten Kompetenzen erfolgen bzw. die Tiefenstruktur des Modells weiter substantiiert werden. Zur Finalisierung des Modells gehören auch eine ansprechende grafische Gestaltung und die Einbettung in Kommunikationsmedien des Unternehmens.

4.1.4 Entwurf einer Strategie zur Einführung des Kompetenzmodells

Unterstützung des Managements als Erfolgsfaktor

Einführung als Change-Prozess betrachten

Die Implementierung eines neuen Kompetenzmodells ist eine große Veränderung im Unternehmen, die – genauso wie andere Change-Prozesse auch – mit Chancen, aber auch Risiken, verbunden ist. Jede Veränderung geht mit Befürchtungen und Ängsten sowie einer Vielzahl von Gerüchten einher. Es sollte also nicht erwartet werden, dass die Einführung des Modells nur wohlwollend und positiv aufgenommen wird. Wie bereits mehrfach betont, ist das durch die Belegschaft wahrgenommene Commitment des Managements *der* erfolgskritische Faktor für die Implementierung. Die erste Kommunikation sollte über möglichst zahlreiche Kanäle durch diese Schlüsselpersonen erfolgen. Hierbei ist es zudem sinnvoll, zunächst die Führungskräfte zu informieren. Auf diese Weise wird die hohe Relevanz des Themas noch einmal verdeutlicht, das Commitment erhöht und im weiteren Implementierungsprozess sichergestellt, dass die Führungskräfte als Ansprechpartner für ihre Mitarbeiter zur Verfügung stehen können.

Transparenz schaffen über Einsatzzweck

Transparenz und Verbindlichkeit herstellen

Weiterhin unerlässlich ist das Schaffen von Transparenz über den Einsatzzweck des neuen Modells. Es sollte für die Belegschaft detailliert und leicht verständlich dargestellt werden, für welche Bereiche, Ebenen etc. das

Modell gilt und in welchen HR-Prozessen zukünftig darauf Bezug genommen wird.

Obschon die Implementierung in dieser Auflistung als letzter Punkt aufgeführt wurde, sollte bereits in der Planung des neuen Modells das Commitment der Unternehmensleitung sichergestellt werden. Eine mangelnde Unterstützung durch das Management wird in den meisten Fällen dazu führen, dass die Akzeptanz im gesamten Unternehmen sehr gering ist und die Verbindlichkeit der Umsetzung nicht gegeben ist.

4.1.5 Anpassen der bestehenden Personalinstrumente an die Inhalte des Kompetenzmodells

Mögliche Anpassung bestehender Instrumente

Um das Kompetenzmodell schließlich „zum Leben zu erwecken", müssen die bestehenden HR-Instrumente angepasst werden. Daher gilt es bereits bei der Entwicklung des Kompetenzmodells darauf zu achten, dass eine Einbindung der identifizierten Kompetenzen in die intendierten HR-Instrumente möglich ist; d. h. beispielsweise, dass die jeweiligen Kompetenzen beobachtbar sein müssen, wenn sie in ein Assessment-Center integriert werden sollen. Erfahrungsgemäß bedarf es einiger Zeit, bis alle Instrumente angepasst sind und – sofern nötig – die entsprechenden Personen nachgeschult worden sind. Auch aus diesem Grund sollte eine langfristige Perspektive angelegt werden, wenn ein Kompetenzmodell entwickelt wird.

4.1.6 Regelmäßige Überprüfung der Angemessenheit des Kompetenzmodells

Regelmäßige Gültigkeitsprüfung wichtig

Bestehende Kompetenzmodelle sollten regelmäßig auf ihre Gültigkeit überprüft werden. Zur Prüfung der Gültigkeit von Kompetenzmodellen können unterschiedliche Indikatoren herangezogen werden. Ein möglicher Indikator ist die *aktuelle wissenschaftliche Literatur*. Berichten Studien von der Relevanz bestimmter Merkmale in Tätigkeitsfeldern, die im eigenen Unternehmen ebenfalls vorkommen, so ist die Aufnahme dieser Merkmale durchaus eine Überlegung. Spätestens wenn mehrere Merkmale in wissenschaftlichen Studien als relevant erachtet werden und allesamt nicht im eigenen Kompetenzmodell enthalten sind, sollte eine kritische Betrachtung vorgenommen werden. Ein weiterer Indikator kann von Unternehmen selbst generiert werden. Wenn die Inhalte eines Kompetenzmodells Bestandteil von *Beurteilungsverfahren* sind (z. B. interne Development-Center), so können die Ergebnisse dieser Beurteilungen und die späteren beruflichen Leistungen der Teilnehmer gegenübergestellt werden. Zeigen sich hier substanzielle Zusammenhänge, so sind die Inhalte des Kompetenzmodells offensichtlich noch relevant, anderenfalls bedürfen sie einer Überarbeitung. Ein weiterer, einfacher Weg zur Prüfung des bestehenden Kompetenzmodells ist die *Befragung von Experten im Unternehmen*, für wie relevant sie die derzeit enthaltenen Kompetenzen erachten bzw. ob aktuell relevante Kompetenzen darin fehlen. In jedem Fall empfiehlt es sich bereits bei der Entwicklung von Kompetenzmodellen, Überlegungen anzustellen, wie deren Gültigkeit in Zukunft geprüft werden soll.

4.1.7 Die Ebenen eines Kompetenzmodells auf einen Blick

Abbildung 17 veranschaulicht die verschiedenen Ebenen, die in einem Kompetenzmodell enthalten sein können. Man sieht, dass solche Modelle leicht sehr komplex werden können, da Oberflächen- und Tiefenstruktur berücksichtigt, verschiedene Single-Job-Modelle und ein übergreifendes Modell aufeinander abgestimmt und ggf. verschiedene Level der Komplexität beachtet werden müssen.

Im oberen Kasten der Abbildung 17 ist auszugsweise ein Beispiel für ein Kompetenzmodell auf Unternehmensebene dargestellt. Es enthält auf oberster Ebene die für relevant erachteten Kompetenzen. Diese können ggf. noch weiter aggregiert werden zu sogenannten Kompetenzclustern (in der Abbildung nicht dargestellt). Die Tiefenstruktur besteht aus den Kompetenzen zugeordneten Eigenschaften und erfolgskritischen Verhaltensweisen.

Spezifizierung bei Single-Job-Modellen

Diese Struktur kann auch in Single-Job-Modellen übernommen werden. Sinnvollerweise kommt hier jedoch noch eine weitere Ebene hinzu, die der Aufgaben und Ergebnisse. Da es sich hier um ganz konkrete Tätigkeiten handelt, macht es Sinn, die zugehörigen Aufgaben zu spezifizieren.

Zwischenebenen möglich

Zwischen den Single-Job-Modellen und dem globalen Modell auf Unternehmensebene lassen sich verschiedene Zwischenebenen berücksichtigen. Steinmayr (2005) führt als häufige Zwischenebene die der Berufsgruppen bzw. Job-Familien auf.

Unterscheidung von Komplexitätsleveln möglich

Eine weitere Differenzierung der Kompetenzmodelle kann anhand der Komplexitätslevel vorgenommen werden. Dies empfiehlt sich dann, wenn das Kompetenzmodell auf Unternehmensebene angewandt werden soll für Personengruppen mit unterschiedlichen Verantwortungsbereichen (z. B. Führungseinsteiger, mittleres und Top-Management). Hier wird man unterschiedliche Maßstäbe anlegen wollen, ab wann die Anforderungen an die Kompetenz „Komplexe Prozesse steuern und umsetzen“ erfüllt sind. Dies kann im Kompetenzmodell berücksichtigt werden durch eine unterschiedliche Ausformulierung der Verhaltensebenen.

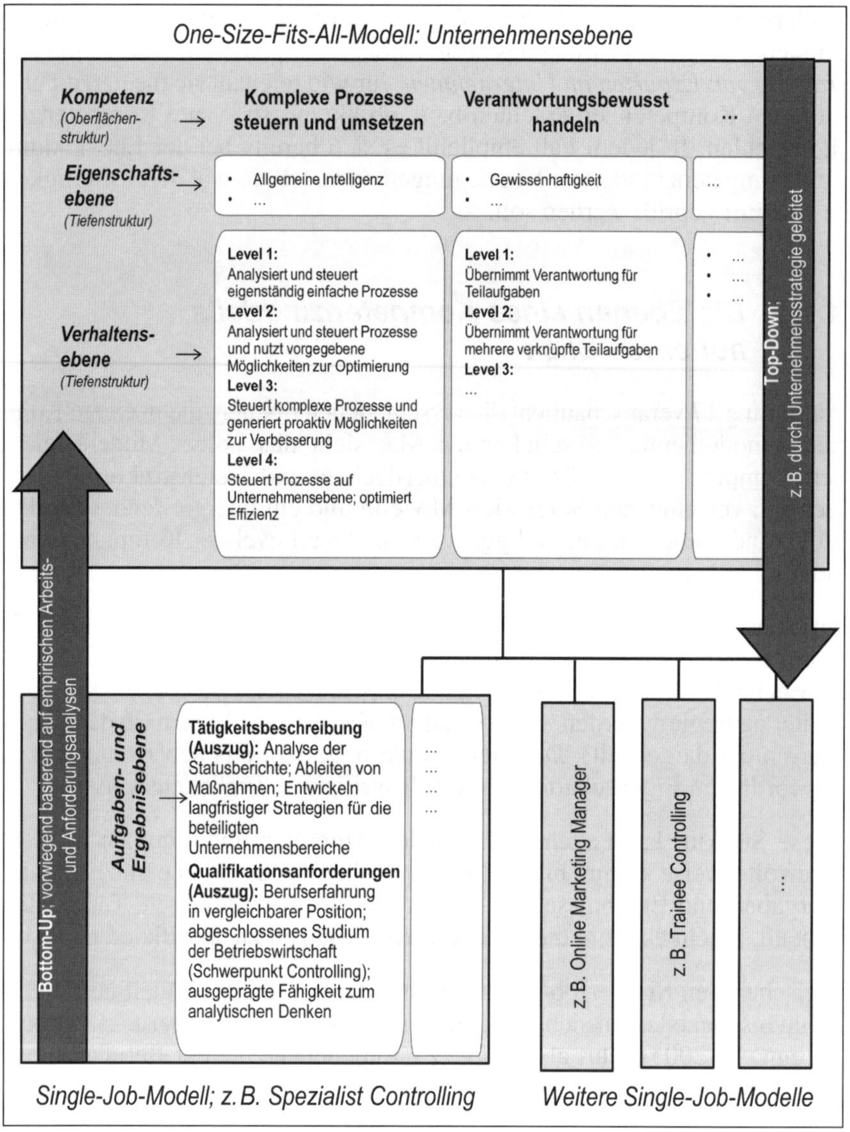

Abbildung 17:
Integrative Darstellung verschiedener Ebenen eines Kompetenzmodells

Die Pfeile am Rand der Abbildung verdeutlichen nochmals die prinzipiell möglichen Vorgehensweisen bei der Erstellung von Kompetenzmodellen (Bottom-Up und Top-Down). In der Praxis werden häufig Mischformen beider Varianten angewandt.

4.2 Beschreibung konkreter Methoden für die Datengewinnung

Im diesem Abschnitt werden einige Ansätze zur Identifikation von Anforderungen dargestellt.

4.2.1 Fragebogenerhebungen

Einsatz selbst entwickelter oder fertiger Fragebögen

Eine der gängigsten Methoden zur Identifikation von Anforderungen, insbesondere wenn es um Anforderungen für eine konkrete Tätigkeit geht, ist die Methode der Fragebogenerhebung. Hierzu werden entweder selbst entworfene oder vorgefertigte Fragebögen, die eine Liste an Anforderungen bzw. Kompetenzen enthalten, den jeweiligen Stelleninhabern und ggf. dessen Kollegen und Vorgesetzten gegeben, und zwar mit der Bitte, die Wichtigkeit der Inhalte für die jeweilige Tätigkeit einzuschätzen.

Bochumer Inventar zu berufsbezogenen Persönlichkeitsbeschreibung – Anforderungsmodul (BIP-AM)

BIP-AM

Das Anforderungsmodul BIP-AM (Hossiep & Bräutigam, 2008) wurde in Anlehnung an das *Bochumer Inventar zur berufsbezogenen Persönlichkeitsbeschreibung* (*BIP*, Hossiep & Paschen, 2003) entwickelt. Ziel des Anforderungsmoduls ist die Erfassung spezifischer beruflicher Anforderungen hinsichtlich der 17 Persönlichkeitseigenschaften, die die Autoren des BIP-AM als besonders wichtig im beruflichen Kontext erachten.

Skalen des BIP-AM

Das BIP-AM umfasst in der aktuellen Forschungsversion insgesamt 17 Skalen mit 170 Items, die sich in vier Gruppen unterteilen lassen:

Abbildung 18:
Skalen des BIP-AM

Die Items werden auf einer 6-stufigen Skala beantwortet (trifft überhaupt nicht zu – trifft voll zu), wobei eine Einschätzung erfolgen soll, inwieweit die Aussage für eine bestimmte Position zutreffend ist.

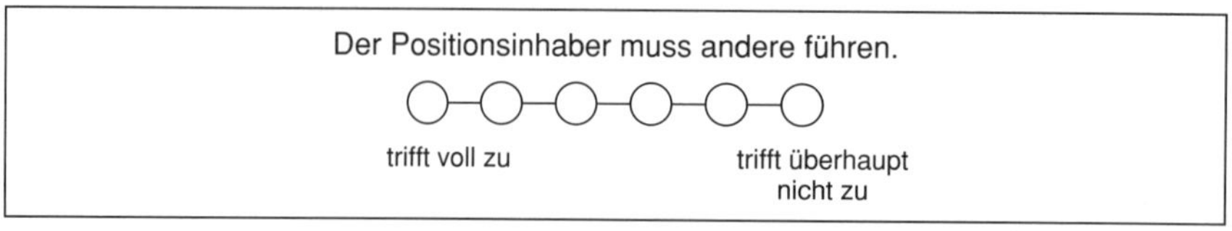

Abbildung 19:
Beispielitem BIP-AM

Einsatzmöglichkeiten

Im Rahmen der Entwicklung von Kompetenzmodellen kann das BIP-AM eingesetzt werden, um die relevanten beruflichen Anforderungen einer bestimmten Position zu erfassen. Um ein möglichst aussagekräftiges Ergebnis zu erzielen, sollte der Fragebogen sowohl von Stelleninhabern als auch von Personalverantwortlichen, Vorgesetzten und Kollegen ausgefüllt werden. Darüber hinaus kann das Verfahren zur Unterstützung von Platzierungsentscheidungen sowie zur Auswahl geeigneter Personalentwicklungsinstrumente genutzt werden.

Gütekriterien

Da es sich bei dem BIP-AM um ein recht neues Verfahren zur Anforderungsanalyse handelt und sich der Test zum jetzigen Zeitpunkt noch in der Weiterentwicklung befindet, können lediglich erste Aussagen zu den Gütekriterien gemacht werden. Der Test wurde bisher an einer Stichprobe von 940 Probanden normiert. Es konnten gute bis sehr gute Kennwerte für die Messgenauigkeit (Reliabilität geschätzt durch interne Konsistenz = .72–.92) gefunden werden.

Durchführung

Das BIP-AM steht als Papier- und als computergestützte Version zur Verfügung. Für die Bearbeitung sollten mindestens 30 Minuten eingeplant werden. Die Auswertung enthält ein Ergebnisprofil der 17 Skalen sowie Hinweise zum Verfahren und zur Interpretation der Ergebnisse.

Das Verfahren kann über den Hogrefe Verlag bezogen werden.

Das BIP-AM in Kürze	
Ziel des Verfahrens	Erfassung von beruflichen Anforderungen hinsichtlich 17 Persönlichkeitseigenschaften
Theoretische Grundlagen	Das BIP-AM basiert auf dem Bochumer Inventar zur berufsbezogenen Persönlichkeitsbeschreibung und umfasst entsprechend 17 Skalen zur Erfassung jener Persönlichkeitseigenschaften, die für eine Position relevant sind:

	– Berufliche Orientierung – Arbeitsverhalten – Soziale Kompetenzen – Psychische Konstitution
Gütekriterien	Bisher gibt es lediglich Angaben zur Homogenität der einzelnen Skalen, die in einem sehr guten Bereich liegen.
Durchführung	Im Rahmen der Entwicklung von Kompetenzmodellen sollte das BIP-AM von Stelleninhabern, Personalverantwortlichen, Vorgesetzten und Kollegen ausgefüllt werden.
Zugänglichkeit	Beziehbar über den Hogrefe Verlag

Fleishman Job Analyse System für eigenschaftsbezogene Anforderungsanalysen (F-JAS)

F-JAS

Beim F-JAS (Kleinmann, Manzey, Schumacher & Fleishman, 2010) handelt es sich um eine für den deutschen Sprachraum adaptierte Fassung des Fleishman Job Analysis Survey (vgl. Fleishman & Reilly, 1992), die der Verfahrensgruppe der eigenschaftsbezogenen Anforderungsanalysen zuzuordnen ist. Ziel derartiger Anforderungsanalysen ist die Erfassung jener Kenntnisse, Fertigkeiten und Fähigkeiten, die zur erfolgreichen Ausführung einer Tätigkeit notwendig sind.

Grund annahmen des F-JAS

Das Verfahren basiert auf drei grundlegenden Annahmen. Erstens liegt dem F-JAS inhaltlich eine Taxonomie von individuellen Leistungsvoraussetzungen zugrunde, die Personenmerkmale darstellen und diagnostisch erfassbar sind. Zweitens wird angenommen, dass Arbeitstätigkeiten sich darin unterscheiden, in welchem Maße bestimmte Leistungsvoraussetzungen für die erfolgreiche Erfüllung der Arbeitstätigkeit notwendig sind und drittens, dass derzeitige Stelleninhaber in der Lage sind, zuverlässig und treffsicher einzuschätzen, welche Leistungsvoraussetzungen von besonderer Bedeutsamkeit für die erfolgreiche Erledigung der Arbeitstätigkeit sind.

Skalen des F-JAS

Die Grundlage der insgesamt 73 im F-JAS zu findenden Skalen bildet eine Taxonomie von Fähigkeiten und Fertigkeiten, die theoretisch wie empirisch abgeleitet wurden. Diese sind in folgende fünf Bereiche unterteilt:
- Kognition (21 Skalen)
- Psychomotorik (10 Skalen)
- Physische Merkmale (9 Skalen)
- Sensorik/Wahrnehmung (12 Skalen)
- Soziale/interpersonale Fähigkeiten und Fertigkeiten (21 Skalen).

Allerdings muss der Anwender nicht alle 73 Skalen ausfüllen, es können einzelne der fünf Bereiche nur global beurteilt werden, während man bei anderen ins Detail geht.

Einsatzmöglichkeiten

Aufgrund dieser umfassenden Taxonomie eignet sich das F-JAS zur Einschätzung unterschiedlichster Arbeitstätigkeiten von körperlichen bis hin zu sehr komplexen Aufgaben. Die Einschätzung hinsichtlich der einzelnen Skalen übernehmen Experten anhand von verhaltensverankerten Ratingskalen. Zum besseren Verständnis während der Durchführung tragen detaillierte Beschreibungen der verschiedenen Skalen bei.

Gütekriterien

Die deutsche Version des F-JAS ist eng an das amerikanische Original angelehnt, so dass die zahlreichen Untersuchungen zur Messgenauigkeit (Reliabilität) und Treffsicherheit (Validität) auch für die deutsche Version herangezogen werden können.

Zur Bestimmung der Messgenauigkeit des Verfahrens wird vor allem die sogenannte Interrater-Reliabilität genutzt, d. h. die Übereinstimmung der Ergebnisse einzelner Beurteiler oder Beurteilergruppen. Die berichteten Interrater-Reliabilitäten schwanken in verschiedenen Studien nahezu ausnahmslos zwischen .80 bis .90 und liegen damit in einem sehr guten Bereich.

Validität

Wird das F-JAS im Rahmen von Personalauswahlverfahren zur Erstellung von Kompetenzmodellen eingesetzt, ist vor allem die prädiktive Validität von Bedeutung, d. h. wie gut die auf Basis des F-JAS erhobenen Merkmale berufliche Leistungen vorhersagen. Dass dies zufriedenstellend gut gelingt, konnte in einer Studie von Reilly, Zedeck und Tenopyr (1979) gezeigt werden: Die auf Basis der Ergebnisse des F-JAS erfassten Merkmale korrespondierten substanziell mit der Arbeitsleistung.

Erfahrene Beurteiler wichtig

Da die Qualität des Ergebnisses von den Beurteilern abhängt, stellt sich die Frage, wer für die Durchführung des F-JAS herangezogen werden sollte. Entscheidend ist, dass die Beurteiler über ein umfangreiches Wissen bezüglich der im Job erforderlichen Fähigkeiten und Fertigkeiten verfügen. Idealerweise verfügen sie zudem über fachpsychologische Kenntnisse und haben bereits Erfahrung bei der Erstellung von Anforderungsprofilen sammeln können. Als Beurteiler eignen sich somit besonders Stelleninhaber, aber auch Vorgesetzte, Ausbilder oder erfahrene Tätigkeitsanalytiker. Zudem sollten idealerweise umfassende Tätigkeitsbeschreibungen vorliegen, da so die Akkuratheit der Beurteilungen erhöht werden kann. Die Autoren empfehlen weiterhin, bei einer Anforderungsanalyse mindestens 15 Personen als Beurteiler einzusetzen.

Verfügbarkeit

Das Verfahren kann über den Hogrefe Verlag unter www.testzentrale.de erworben werden.

Das F-JAS in Kürze	
Ziel des Verfahrens	Erfassung von Kenntnissen, Fertigkeiten und Fähigkeiten, die zur erfolgreichen Ausführung einer Tätigkeit notwendig sind.
Theoretische Grundlagen	Eine Taxonomie von individuellen Leistungsvoraussetzungen dient als Grundlage des F-JAS. Diese werden anhand von 73 Skalen erfasst und gliedern sich in folgende Bereiche: – Kognition – Psychomotorik – Physische Merkmale – Sensorik/Wahrnehmung – Soziale/interpersonale Fähigkeiten und Fertigkeiten
Gütekriterien	Sehr gute Übereinstimmungen zwischen Beurteilern oder Beurteilergruppen (Interrater-Reliabilität)
Durchführung	Beurteiler: Stelleninhaber, Vorgesetzte, Ausbilder, Tätigkeitsanalytiker → entscheidend ist das Wissen über die Tätigkeit!
Zugänglichkeit	www.testzentrale.de

Fragebogen zur Arbeitsanalyse (FAA)

FAA

Beim *Fragebogen zur Arbeitsanalyse* (*FAA*, Frieling, 1999; Frieling & Hoyos, 1978) handelt es sich um ein voll standardisiertes Beobachtungs-Interview-Verfahren, das auf dem amerikanischen und sehr weit verbreiteten Original *Position Analysis Questionnaire* (*PAQ*, McCormick & Jeanneret, 1988) basiert und für die deutsche Fassung erweitert wurde. Ziel des FAA ist die Erfassung verschiedener Arbeitsanforderungen.

Abschnitte des FAA

Der FAA umfasst insgesamt 221 Items, die in vier Haupt- und mehrere Unterabschnitte unterteilt sind. Nachfolgend werden die Hauptabschnitte sowie beispielhafte Unterabschnitte dargestellt:

Tabelle 13:
Beispiele für Haupt- und Unterabschnitte des FAA

Informationsaufnahme und Informationsverarbeitung
Sinnes- und Wahrnehmungsprozesse Denk- und Entscheidungsprozesse ...

Tabelle 13:
(Fortsetzung)

Arbeitsausführung
Gebrauch von Werkzeugen, technischen Apparaturen und Anlagen Grad der körperlichen Anstrengung ...
Arbeitsrelevante Beziehungen
Kommunikationsformen Umfang persönlicher Kontakte ...
Umgebungseinflüsse und besondere Arbeitsbedingungen
Unfallgefährdung und Arbeitssicherheit Arbeitszeitregelungen ...

Bewertungsschlüssel

Die Bewertung der einzelnen Items erfolgt anhand eines der nachfolgend aufgeführten fünf Schlüssel:

- *Häufigkeit:* (0) trifft nicht zu bis (5) sehr häufig
- *Zeitdauer:* (0) trifft nicht zu bis (5) beinahe ununterbrochen während der ganzen Arbeitszeit
- *Wichtigkeit:* (0) trifft nicht zu bis (5) sehr hoch
- *Alternativ:* (0) trifft nicht zu und (1) trifft zu
- *Sonderschlüssel:* die Skalen werden itemspezifisch formuliert

Gütekriterien

Angaben zu den Gütekriterien liegen für die Vorversion des FAA vor (Frieling, 1999). Hierbei konnten mittlere Werte hinsichtlich der Übereinstimmung verschiedener Beurteiler (Interrater-Reliabilität) gefunden werden. Die Treffsicherheit (Validität) des Verfahrens wurde anhand einer Plausibilitätsprüfung überprüft. Hierfür wurden die auf Basis einer Durchführung des FAA gefundenen Tätigkeitsklassifikationen von Experten als nachvollziehbar und begründet eingeschätzt.

Durchführung

Wie bereits vorausgehend erwähnt, handelt es sich beim FAA um ein Beobachtungs-Interview. Eine Befragung ist neben der Beobachtung dann notwendig, wenn sich nicht alle einzuschätzenden Aspekte beobachten lassen. In der Regel werden die Stelleninhaber selbst befragt, aber auch Vorgesetzte und Kollegen können für einen zusätzlichen Informationsgewinn genutzt werden (Maier, 1988). Für die Durchführung sollte idealerweise ein erfahrener Arbeitsanalytiker zurate gezogen werden, dessen zeitlicher Aufwand für die Beobachtung und Befragung zwischen ein bis zwei Stunden pro Arbeitsplatz liegt. Jedoch sollte berücksichtigt werden, dass weitere Zeit für eine vorherige Betriebsbegehung notwendig sein kann. Die gewonnenen Daten werden mithilfe von zur Verfügung stehenden Protokoll- und Datenblättern festgehalten (Frieling, 1999).

Im Rahmen der Entwicklung eines Kompetenzmodells können die Daten genutzt werden, um Anforderungen einzelner Tätigkeiten zu identifizieren. Die Items werden in diesem Fall deskriptiv ausgewertet.

Das Verfahren ist über den Verlag Hans Huber zu beziehen. **Verfügbarkeit**

Der FAA in Kürze	
Ziel des Verfahrens	Erfassung von Arbeitsanforderungen
Theoretische Grundlagen	Der FAA umfasst 221 Items, die sich vier Hauptabschnitten und weiteren Unterabschnitten zuordnen lassen. Nachfolgend sind ausschließlich die Hauptabschnitte genannt: – Informationsaufnahme und Informationsverarbeitung – Arbeitsausführung – Arbeitsrelevante Beziehungen – Umgebungseinflüsse und besondere Arbeitsbedingungen
Gütekriterien	Die Interrater-Reliabilität ist als mittelmäßig einzustufen.
Durchführung	Beim FAA handelt es sich um ein Beobachtungs-Interview. Befragt werden können neben dem Stelleninhaber auch Vorgesetzte und Kollegen. Die Durchführung sollte durch einen Arbeitsanalytiker vorgenommen werden. Computergestützte Auswertung möglich.
Zugänglichkeit	Beziehbar über den Verlag Hans Huber

Auswahl des richtigen Fragebogens zur Arbeits- und Anforderungsanalyse

Entscheidungshilfe zur Auswahl

Die hier aufgeführten Informationen zu den einzelnen Fragebögen sind sicherlich nicht ausreichend, um auf dieser Grundlage bereits zu entscheiden, welches Verfahren für konkrete Anwendungsfälle am besten geeignet ist. Bei der Auswahl eines Fragebogens kann es hilfreich sein, eine Entscheidungshilfe zu verwenden, die Levine, Ash, Hall und Sistrunk (1983; zitiert nach Catano, Wiesner, Hackett & Methot, 2010) entwickelt haben. Die für diese Entscheidungshilfe notwendigen Informationen über die Fragebögen erhält man bei den von uns jeweils aufgeführten Bezugsquellen.

Entscheidungshilfe für die Auswahl von Fragebögen zur Arbeits- und Anforderungsanalyse

- Wurde der Fragebogen ausreichend getestet und weiterentwickelt?
- Ist der Fragebogen unmittelbar verfügbar?
- Ist der Fragebogen geeignet, um mehrere Tätigkeitsfelder zu analysieren?
- Können die eigenen Ergebnisse mit denen anderer verglichen werden (d. h. liegen Normen vor)?
- Wird die Akzeptanz der Befragten für diesen Fragebogen gegeben sein?
- In welchem Umfang ist eine Schulung der Durchführenden notwendig? Ist ein Inhouse-Training möglich?
- Wie groß muss die Stichprobe der befragten Personen sein, um belastbare Ergebnisse mit dem Fragebogen zu erzielen?
- Werden mit dem Fragebogen Ergebnisse erzielt, die replizierbar (d. h. reliabel) sind?
- Wie hoch sind die Kosten für den Fragebogen und dessen Durchführung (inkl. Beratungskosten, Training, Arbeitszeitkosten)?
- Wie qualitativ hochwertig sind die Ergebnisse, die mit diesem Fragebogen erzielt werden (sind sie z. B. rechtlich unangreifbar)?
- Wie viele Tage wird die Datenerhebung und Auswertung in Anspruch nehmen?

(Quelle: Levine et al., 1983; zitiert nach Catano et al., 2010)

4.2.2 Exkurs: Fragebogen zum Erleben der Arbeitsplatzinhaber

Der *Job Diagnostic Survey (JDS)* und der *Work Design Questionnaire (WDQ)* sind Fragebögen, die sich nicht zur Ermittlung von Anforderungen oder Kompetenzen eignen. Sie beschreiben zwar auch Charakteristika von Arbeitsplätzen, zielen aber vielmehr darauf ab, das Erleben der Arbeitsplatzinhaber systematisch zu erfassen – also z. B. als wie vielfältig oder bedeutsam eine Tätigkeit wahrgenommen wird. Die beiden genannten Fragebögen werden in diesem Band aufgeführt, um auf folgendes hinzuweisen: Nicht nur die Arbeitsplatzinhaber können mithilfe verschiedener Personalinstrumente, die auf einem Kompetenzmodell basieren, „geformt" werden. Vielmehr sind auch die Tätigkeiten an sich mehr oder weniger motivierend und anregend für Mitarbeiter und können verändert werden. Die beiden im Folgenden dargestellten Fragebögen zielen auf Arbeitsplatzmerkmale ab, die zu einem positiven Erleben der Mitarbeiter beitragen. Unternehmen tun daher gut daran, diese Merkmale bei der Arbeitsplatzgestaltung zu berücksichtigen. Oder anders formuliert: Auch wenn Mitarbeiter über die notwendigen Kompetenzen verfügen, können Tätigkeiten so gestaltet sein, dass sie leicht zu Unzufriedenheit und Motivationsverlust führen. Neben der Berücksichtigung relevanter Kompetenzen sollte auf diese Aspekte ebenfalls geachtet werden.

Der Job Diagnostic Survey (JDS)

JDS

Der *Job Diagnostic Survey (JDS)* von Hackman und Oldham (1975, deutsche Übersetzung von Schmidt & Kleinbeck, 1999) ist ein international sehr weit verbreitetes Instrument. Es dient der Analyse von Arbeitsplätzen bezüglich psychologisch relevanter Aufgaben- und Tätigkeitsmerkmale (wie z. B. der subjektiv erlebten Bedeutsamkeit der Arbeit oder der Autonomie). Der JDS wird vom Stelleninhaber selbst ausgefüllt. Es stehen jedoch auch Varianten des JDS für Vorgesetzte und Kollegen zur Verfügung.

Theoretische Basis

Dem Verfahren liegt das Arbeitsmotivationsmodell von Hackman und Oldham (1976), das *Job Characteristics Modell,* zugrunde. Dieses geht davon aus, dass das Motivierungspotenzial einer Tätigkeit beeinflusst wird durch fünf Aspekte: Anforderungsvielfalt, Ganzheitlichkeit der Aufgabe, Bedeutsamkeit der Aufgabe, Autonomie sowie Rückmeldung aus der Aufgabenerfüllung. Diese Aufgabenmerkmale wirken sich den Autoren zufolge über kritische psychologische Erlebniszustände auf die Arbeitszufriedenheit, intrinsische Arbeitsmotivation, Arbeitsleistung, Fehlzeiten und Fluktuation aus. Abbildung 20 verdeutlicht die Zusammenhänge.

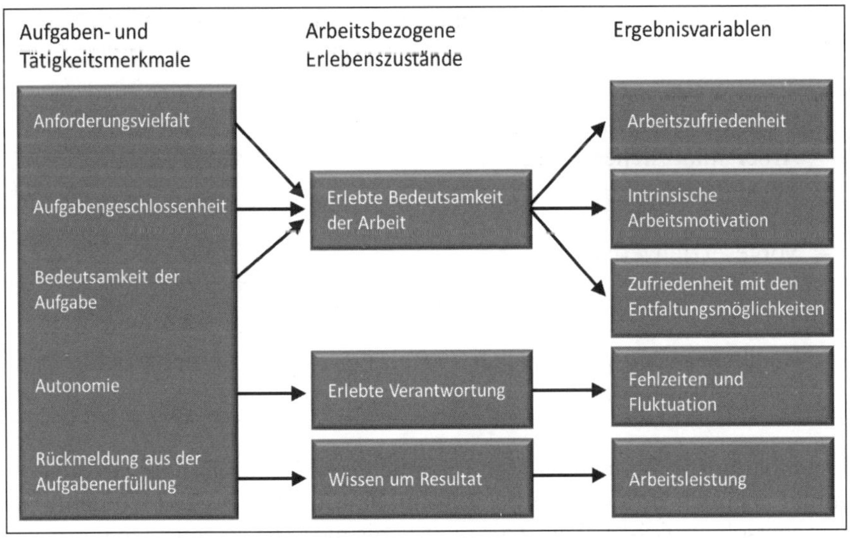

Abbildung 20:
Schematische und modifizierte Darstellung des Job Characteristics Modell von Hackman & Oldham (1976, Abbildung nach Schmidt & Kleinbeck, 1999)

Insgesamt umfasst die übersetzte Langfassung 83 Items und ist in sieben Teilabschnitte untergliedert. Sie decken das Job Characteristics Modell wie folgt ab (in Klammern ist die Anzahl an Fragen aufgeführt):

Abschnitte des Job Diagnostic Survey
Teilabschnitte 1 und 2
Aufgaben- und Tätigkeitsmerkmale (21) – Anforderungsvielfalt (3) – Aufgabengeschlossenheit (3) – Bedeutsamkeit der Aufgabe (3) – Autonomie (3) – Rückmeldung durch Tätigkeitsvollzug (3) – Rückmeldung durch Vorgesetzte und Kollegen (3) – Zusammenarbeit mit anderen Personen (3)
Teilabschnitte 3 und 5
Arbeitsbezogene Erlebenszustände (14) – Bedeutsamkeit der Arbeit (4) – Verantwortlichkeit (6) – Wissen um die Ergebnisse der Arbeit (4) *Ergebnisvariablen (15)* – Allgemeine Arbeitszufriedenheit (5) – Intrinsische Arbeitsmotivation (6) – Zufriedenheit mit den Entfaltungsmöglichkeiten bei der Arbeit (4)
Teilabschnitt 4
Zufriedenheit mit Kontextfaktoren der Arbeit (10) – Arbeitsplatzsicherheit (2) – Bezahlung (2) – soziales Klima (3) – Vorgesetztenverhalten (3)
Teilabschnitte 6 und 7
– Bedürfnis nach persönlicher Entfaltung (in zwei unterschiedlichen Antwortformaten)

Gütekriterien Die Übereinstimmung zwischen verschiedenen Beurteilern erwies sich als mittel bis hoch (Fried & Ferris, 1987). Die Messgenauigkeit (Reliabilität) der deutschen JDS-Skalen ist als niedrig bis moderat zu beurteilen, was vor allem an den teilweise sehr kurzen Skalen liegt (2 bis maximal 6 Fragen). Obwohl auch Kritik an dem zugrunde liegenden Modell des JDS, dem Job Characteristics Modell, geübt wurde, kann dies insgesamt als sehr etabliert

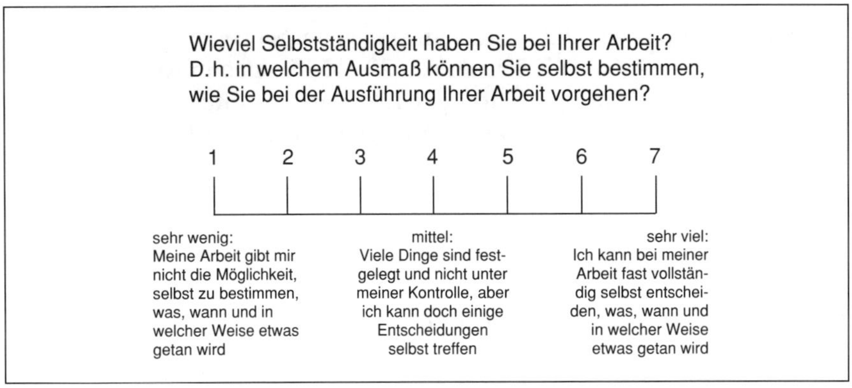

Abbildung 21:
Beispielitem des Job Diagnostic Survey (aus Schmidt & Kleinbeck, 1999)

angesehen werden (vgl. van Dick, Schnitger, Schwartzmann-Buchelt & Wagner, 2001). Die Brauchbarkeit des JDS wurde zudem in vielen Anwendungskontexten weitgehend bestätigt.

Durchführung

Die deutschsprachige Übersetzung des JDS kann in Papierform eingesetzt werden und nimmt für die Durchführung ungefähr einen Zeitraum von 20–40 Minuten in Anspruch. Empfehlenswert ist die Begleitung durch einen Untersuchungsleiter zur Beantwortung eventueller Rückfragen zu den einzelnen Items (Kauffeld & Grote, 1999). Dabei kann die Durchführung sowohl mit Einzelpersonen als auch Gruppen stattfinden. Die Auswertung erfolgt zumeist durch die Bildung von Mittelwerten der einzelnen Modellvariablen, deren Interpretation von einem Arbeitspsychologen vorgenommen werden sollte (Sarges, Wottawa & Roos, 2010).

Verfügbarkeit

Das Verfahren kann beim Leibniz-Institut für Arbeitsforschung an der TU Dortmund bezogen werden.

Der JDS in Kürze	
Ziel des Verfahrens	Subjektive Analyse der Arbeitstätigkeit
Theoretische Grundlagen	Theoretische Grundlage ist das Job Characteristics Modell von Hackman & Oldham (1976).
Gütekriterien	Mittlere bis hohe Werte für Beurteilerübereinstimmungen Niedrige bis moderate Werte für die Zuverlässigkeit (Reliabilität)

Durchführung	Der JDS wird vom Stelleninhaber bearbeitet und nimmt einen Zeitraum von 20–40 Minuten in Anspruch. Die Interpretation der Ergebnisse sollte von einem Arbeitspsychologen vorgenommen werden.
Zugänglichkeit	Leibniz-Institut für Arbeitsforschung an der TU Dortmund

Der Work Design Questionnaire (WDQ)

WDQ

Beim *Work Design Questionnaire (WDQ)* handelt es sich um ein noch recht neues Verfahren der Arbeitsanalyse (Morgeson & Humphrey, 2006). Ziel des WDQ ist eine Gesamtbewertung der Arbeitstätigkeit, wobei diese Bewertung auf Einschätzungen von Stelleninhabern basiert.

Skalen des WDQ

Der WDQ umfasst insgesamt 21 Skalen, die sich fünf verschiedenen Merkmalen des Arbeitsplatzes zuordnen lassen. Da dem WDQ nicht explizit eine Theorie des Arbeitshandelns zugrunde liegt, wurden diese Merkmale auf Basis einer umfassenden Recherche generiert und gliedern sich in folgende drei Bereiche:
- Motivationale Merkmale des Arbeitsplatzes (unterteilt in Aufgabenmerkmale und Wissensmerkmale)
- Soziale Merkmale des Arbeitsplatzes
- Kontextuelle Merkmale des Arbeitsplatzes.

Jedem dieser Bereiche sind einzelne Unteraspekte zugeordnet. Zur besseren Übersichtlichkeit sind diese in Tabelle 14 dargestellt.

Gütekriterien

Die englische Version des WDQ wurde von Stegmann und Kollegen (2010) übersetzt und hinsichtlich der Gütekriterien überprüft. Die Studie von Stegmann et al. (2010) konnte gute bis sehr gute Werte hinsichtlich der Messgenauigkeit (Relibilität geschätzt durch interne Konsistenz) der Skalen nachweisen. Die Ergebnisse des WDQ wiesen zudem eine ausreichende zeitliche Stabilität auf, d. h. bei Wiederholung des WDQ erzielt man mit der ersten Durchführung vergleichbare Ergebnisse. Die Treffsicherheit (Validität) des WDQ wurde in verschiedenen Studien überprüft und kann als ausreichend gegeben angesehen werden (vgl. Stegmann et al., 2010).

Der WDQ ist mit 21 Skalen relativ umfangreich. Nach Angabe von Stegmann und Kollegen konnten empirische Untersuchungen die 21 Faktoren jedoch bestätigen. Von Bedeutung ist vor allem die Tatsache, dass die Inhaber gleicher Arbeitsplätze weitgehend zu gleichen Einschätzungen kommen und somit tatsächlich davon ausgegangen werden kann, dass Merkmale von Arbeitsplätzen erfasst werden.

Tabelle 14:
Übersicht über die motivationalen, sozialen und kontextuellen Merkmale als Basis des Work Design Questionnaire

Motivationale Merkmale

Aufgabenmerkmale
- Autonomie
- Planung von Zeitpunkt und Reihenfolge der Erledigung von Arbeitstätigkeiten
- Möglichkeit, selbstständig Entscheidungen zu treffen
- Möglichkeit, Arbeitsmethoden selbst zu wählen
- Aufgabenvielfalt
- Wichtigkeit (d. h. inwiefern beeinflusst die Arbeit das Leben?)
- Ganzheitlichkeit
- Rückmeldung durch die Tätigkeit (d. h. inwiefern kann direkt durch die Erledigung der Tätigkeit die Güte erkannt werden?)

Wissensmerkmale
- Komplexität der Aufgaben
- Ausmaß an kognitiven Anforderungen für die Informationsverarbeitung
- Anforderungsvielfalt
- Notwendigkeit eines spezialisierten Wissens

Soziale Merkmale

- Soziale Unterstützung am Arbeitsplatz
- initiierte Interdependenz (d. h. inwiefern werden die Ergebnisse der Arbeit an andere weitergegeben?)
- rezipierte Interdependenz (d. h. inwiefern hängen die Ergebnisse der Arbeit von anderen ab?)
- Interaktion außerhalb der Organisation
- Rückmeldung durch andere

Kontextuelle Merkmale

- Ergonomie
- Physische Anforderungen
- Gegebenheiten am Arbeitsplatz
  Technikgebrauch

Nachfolgend ist ein beispielhaftes Ergebnis dargestellt – eine Person beurteilte ihren Arbeitsplatz und ihre Tätigkeit, indem sie auf einer Skala von 1 bis 5 ankreuzte, wie sehr bestimmte Aussagen (z. B. „Meine berufliche Tätigkeit beinhaltet viele verschiedene Aufgaben“) zutreffen.

Verfügbarkeit

Die deutsche Version des WDQ wurde in der Zeitschrift für Arbeits- und Organisationspsychologie veröffentlicht (Stegmann et al., 2010). Dort sind alle Fragen des WDQ in deutscher Sprache zu finden.

Work Design Questionnaire	1	2	3	4	5
Autonomie	●				
Aufgabenvielfalt		●			
Aufgabenbedeutsamkeit			●		
Identifizierung mit der Aufgabe		●			
Feedback durch die Tätigkeit		●			
Tätigkeitskomplexität				●	
Informationsverarbeitung					●
Problemlösen					●
Vielfalt der Fertigkeit				●	
Spezialisierung				●	
Soziale Unterstützung		●			
Interdependenz		●			
Interaktion außerhalb der Organisation	●				
Feedback durch andere		●			
…					

Anmerkungen: 1 steht für ein niedriges Ausmaß, 5 für ein hohes Ausmaß der jeweiligen Dimension. In dem vorliegenden Beispiel ist der anhand des Work Design Questionnaire bewertete Arbeitsplatz gekennzeichnet durch ein hohes Ausmaß an Informationsverarbeitungs-Erfordernissen sowie hohe Problemlöse-Anforderungen. Im Gegensatz dazu bietet der Arbeitsplatz nur in geringem Ausmaß die Möglichkeit, autonom zu agieren und außerhalb der Organisation zu interagieren.

Abbildung 22:
Ergebnis einer Befragung zu Arbeitsplatzmerkmalen anhand des Work Design Questionnaire

Der WDQ in Kürze	
Ziel des Verfahrens	Gesamtbewertung der Arbeitstätigkeit auf Basis der Einschätzungen von Stelleninhabern
Theoretische Grundlagen	Die Skalen basieren auf keiner Theorie, sondern wurden auf Basis einer umfassenden Recherche generiert. Sie lassen sich folgenden drei Bereichen zuordnen: – Motivationale Merkmale des Arbeitsplatzes – Soziale Merkmale des Arbeitsplatzes – Kontextuelle Merkmale des Arbeitsplatzes

Gütekriterien	Sehr homogene Skalen, die Zuverlässigkeit erwies sich auch über einen gewissen Zeitraum (Retest-Reliabilität) als zufriedenstellend gegeben Positive Befunde zur Treffsicherheit des WDQ (Validität) liegen vor.
Zugänglichkeit	Fragen des WDQ bei Stegmann et al. (2010) zu finden

4.2.3 Interviews

Interviews mit relevanten Stelleninhabern

Bei der Durchführung von Interviews im Rahmen der Erstellung eines Kompetenzmodells sind verschiedene Aspekte zu berücksichtigen. Zum einen sollte der Interviewer bereits über Erfahrung mit der Erstellung von Kompetenzmodellen verfügen und somit ein grundlegendes Verständnis für dessen spätere Beschaffenheit zeigen. Zum anderen ist die Auswahl der zu interviewenden Personen von entscheidender Bedeutung. Die Befragten sollten möglichst repräsentativ ausgewählt werden, was bedeutet, dass die Hierarchieebene, das Geschlecht, das Alter, die Betriebszugehörigkeit berücksichtigt werden sollte. Existieren mehrere Standorte des Unternehmens, sollten die Interviews unbedingt standortübergreifend durchgeführt werden.

Durchführung in Gruppen möglich

Um die Durchführbarkeit zu gewährleisten und den zeitlichen Aufwand der Interviews zu reduzieren, können diese nicht nur einzeln, sondern auch in Gruppen durchgeführt werden.

Sammeln kritischer Ereignisse (Critical Incidents)

Eine besondere Technik der Interviewführung im Rahmen von Anforderungsanalysen ist die *Critical-Incident-Technik (CIT)*, die auf Flanagan (1951) zurückgeht. Dabei werden Personen, die sehr gute Kenntnisse über die auszuführenden Tätigkeiten haben, sogenannte Subject-Matter-Experts (SMEs), als Informationsquelle genutzt; sie werden nach konkreten Ereignissen aus der Vergangenheit gefragt, in denen ein Mitarbeiter sich besonders positiv oder negativ verhalten hat. Dabei interessieren vor allem solche Ereignisse, die besonders relevant oder erfolgskritisch sind, also Critical Incidents darstellen. Wenn man genügend viele dieser Critical Incidents sammelt, kann man diese zu übergeordneten Dimensionen (z. B. Umgang mit Konflikten) zusammenfassen und erhält so eine Liste relevanter Anforderungen (z. B. Konfliktfähigkeit). Eine Ausweitung dieser Vorgehensweise ist im Rahmen der sogenannten *Behavioral Event Interviews* (*BEI,* McClelland, 1998) realisiert worden. Hier liegt der Fokus stärker auf dem Erleben der befragten Person, daher werden neben dem Verhalten auch die Gefühle, Ziele und Gedanken der befragten Person in den kritischen Situationen erfragt.

Vor- und Nachteile der Methoden

Der Vorteil von Interviews gegenüber den bereits erwähnten standardisierten Fragebögen liegt darin, dass hier nicht bereits von einer Liste an Anforderungen bzw. Kompetenzen ausgegangen wird und deren Wichtigkeit erfragt wird. Vielmehr gehen die Interviewer in der Regel ohne Vorannahmen in die Gespräche mit den Stelleninhabern oder Experten und generieren darauf basierend die Anforderungen. Der Vorteil von standardisierten Fragebögen besteht darin, dass sie ein systematisches, nicht durch subjektive Einflüsse beeinflusstes, Vorgehen darstellen. Zudem können durch Fragebögen, die beispielsweise online appliziert werden, auf ökonomische Weise viele Menschen befragt werden. Es wird deutlich, dass ein schrittweises Vorgehen sinnvoll ist, bei dem zuerst Interviews geführt und die Ergebnisse der Interviews in Anforderungen übersetzt werden. Auf Basis dieser Anforderungen können Fragebögen entworfen werden. Gegebenenfalls lassen sich diese selbst entworfenen Fragebögen mit bereits bestehenden kombinieren. Das Ergebnis eines solchen, fundierten Vorgehens kann zur Prüfung und Akzeptanzsteigerung nochmal im Rahmen von Workshops zur Anforderungsanalyse diskutiert und ggf. modifiziert werden.

Fazit
Interviews bieten den Vorteil, dass die relevanten Anforderungen ermittelt werden können, ohne dass Vorannahmen vorhanden sein müssen.

4.2.4 Personenbezogen-empirische Anforderungsanalyse

Personenbezogen-empirische Vorgehensweise

Wenn Daten zu bestimmten Merkmalen der Stelleninhaber und deren beruflichen Leistungen vorliegen, können diese auch miteinander verglichen werden (personenbezogen-empirische Anforderungsanalyse). Eine personenbezogen-empirische Anforderungsanalyse muss nicht zwangsläufig komplex sein, jedoch kann sie zeitintensiv sein und bedarf bestimmter Fertigkeiten in der Datenauswertung. Im Folgenden wird ein ideales Vorgehen beschrieben – in der praktischen Anwendung wird man häufig auf einzelne Teilschritte verzichten (müssen); auf diese wird an entsprechender Stelle eingegangen:

- Überführung der Kompetenzen des Modells in ein Befragungsinstrument (z. B. einen 360-Grad-Feedback-Fragebogen)
- Durchführung der Befragung unter Einbezug von Stelleninhabern, die die Leistungskriterien ihres Tätigkeitsbereichs
  - voll erfüllen oder übertreffen
  - nicht erfüllen
- Auswertung der gewonnenen Daten.

Die Zuordnung der Befragten zu einer der beiden genannten Personengruppen sollte unbedingt verdeckt erfolgen, um die Akzeptanz für die Teilnahme sicherzustellen.

Im Rahmen der Befragung werden die High- und Low-Performer sowie zusätzlich Kollegen, Vorgesetzte, Mitarbeiter und ggf. auch Kunden gebeten, eine Einschätzung der Leistungsfähigkeit der Zielperson hinsichtlich vorab definierter Anforderungen bzw. Kompetenzen vorzunehmen. Häufig ist es aus Effizienz- oder anderen Gründen nicht möglich, alle dieser Personengruppen in die Befragung einzubeziehen. Ist dies der Fall, sollten mindestens die Stelleninhaber selbst und deren Vorgesetzten befragt werden. Mit absteigender Relevanz sollten die Mitarbeiter, Kollegen und interne/externe Kunden in das 360-Grad-Feedback einbezogen werden.

Befragung unterschiedlicher Personengruppen

In der Datenanalyse werden die Beurteilungen der High- und Low-Performer in den vorab definierten Anforderungs- bzw. Kompetenzdimensionen verglichen. Wenn Top-Performer eine hohe Bewertung für eine Kompetenz erhalten und Low-Performer eine entsprechend niedrigere, kann die Relevanz dieser Kompetenz für berufliche Leistungen in dem jeweiligen Tätigkeitsbereich als bestätigt angesehen werden.

Vergleich von High- und Low-Performern

Eine vereinfachte grafische Darstellung des Ergebnisses könnte so aussehen:

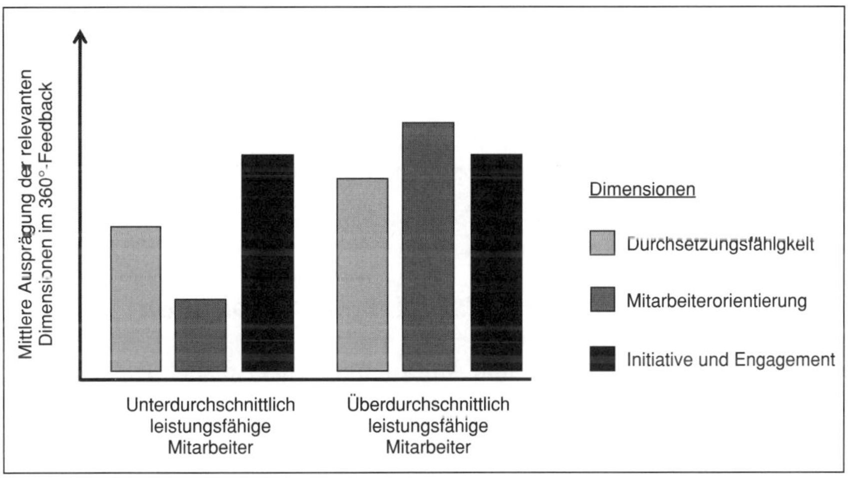

Abbildung 23:
Darstellung des Ergebnisses einer personenbezogen-empirischen Anforderungsanalyse

Im Beispiel unterscheiden sich High- und Low-Performer offenbar nicht hinsichtlich „Initiative und Engagement". Leichte Unterschiede sind erkennbar bezüglich der Durchsetzungsfähigkeit, wohingegen sich die Mitarbeiterorientierung deutlich zwischen High- und Low-Performern unterscheidet. In diesem Fall würde man Mitarbeiterorientierung als relevante Kompetenz identifizieren.

Auch auf vorhandene Informationen zurückgreifen

Dieses Vorgehen mag in der Tat aufwendig anmuten. Erfahrungsgemäß liegen jedoch die dafür notwendigen Daten zumindest teilweise in den Unternehmen vor. Wenn auch in der Vergangenheit Potenzialanalysen, Einstellungsinterviews und Eignungstests durchgeführt und die Ergebnisse dokumentiert wurden, dann müssen diese Ergebnisse lediglich mit beruflichen Erfolgskriterien, die meist auch vorliegen oder sich leicht generieren lassen, in Verbindung gebracht werden. So erhält man Erkenntnisse über die Relevanz der Dimensionen, die bisher in den jeweiligen HR-Instrumenten enthalten waren.

Fazit
Eine personenbezogen-empirische Anforderungsanalyse liefert belastbare, empirische Ergebnisse bezüglich der Relevanz von psychologischen Eigenschaften hinsichtlich beruflicher Erfolgskriterien.

4.2.5 Verhaltensbeobachtungen

Eine weitere Möglichkeit der Arbeits- und Anforderungsanalyse besteht in der Beobachtung von Menschen bei der Ausführung von verschiedenen Tätigkeiten. Erfahrene Arbeitsanalytiker können – auch unter Zuhilfenahme von Checklisten und Beobachtungsbögen – so notwendige Teilschritte von Tätigkeiten, relevante Aufgabenbereiche und mehr oder weniger zielführende Verhaltensweisen identifizieren.

4.2.6 Analyse von Arbeitsplatzbeschreibungen

Stellenbeschreibungen analysieren

Natürlich kann eine Arbeits- und Anforderungsanalyse auch zunächst daraus bestehen, sich die in der Stellenbeschreibung aufgeführten Tätigkeiten und Verantwortlichkeiten anzusehen.

4.2.7 Kombination verschiedener Methoden

Verschiedene Vorgehensweisen in der Praxis

Wie bereits in Kapitel 2.1 erwähnt, können drei Ebenen der Arbeits- und Anforderungsanalyse unterschieden werden (Schuler & Höft, 2004b). Die hier genannten Methoden sollen nun diesen drei Ebenen zugeordnet werden. Idealerweise berücksichtigt die Auswahl von Methoden alle Ebenen der Arbeits- und Anforderungsanalyse.

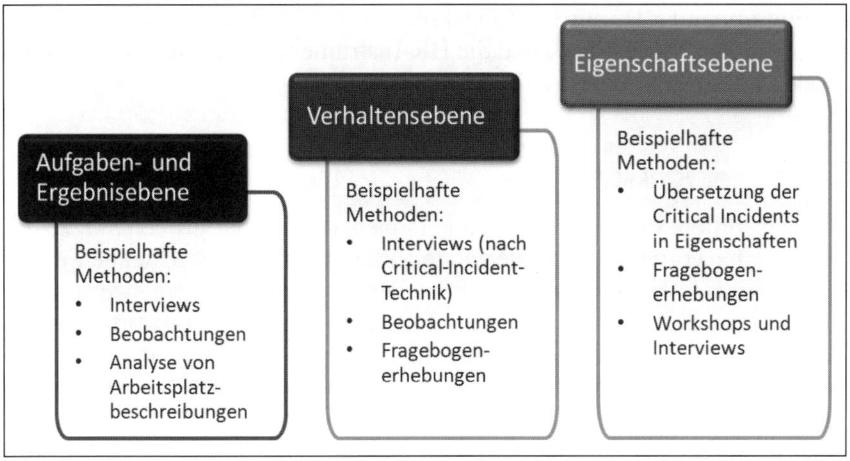

Abbildung 24:
Drei Ebenen der Arbeits- und Anforderungsanalyse

4.3 Kompetenzmodellentwicklung kompakt und chronologisch

Nachdem wir die verschiedenen Schritte auf dem Weg zu einem Kompetenzmodell und die damit verbundenen Fragen, die sich die Verantwortlichen stellen sollten, dargestellt haben, möchten wir nun einen vereinfachten „Bauplan" für Kompetenzmodelle vorstellen. Dieser stellt ein chronologisch geordnetes, sparsames Vorgehen bei der Entwicklung eines Kompetenzmodells dar und bietet insbesondere Lesern, denen die vorherigen Abschnitte nicht konkret und kompakt genug waren, eine alternative Darstellung. Es sollte in jedem Fall berücksichtigt werden, dass der folgende Ablauf nicht alle Spezifika möglicher Anwendungsfälle berücksichtigen kann. Darüber hinaus ist diesem Band eine Checkliste beigefügt, die die wichtigsten Aspekte bei der Entwicklung eines Kompetenzmodells zusammenfasst.

1. Grobe Skizze des Modells

Grobe Skizze anfertigen

Fertigen Sie eine erste grobe Skizze des Modells an. Diese soll keine Kompetenzen enthalten, sondern lediglich den organisatorischen Rahmen des Modells abbilden. In dieser Skizze sollten auf jeden Fall enthalten sein: der Geltungsbereich des Modells, die Festlegung unmittelbar betroffener Personengruppen (z. B. nur Führungskräfte, nur Mitarbeiter in Fachlaufbahnen, ggf. alle Mitarbeiter?) und die HR-Instrumente, in die das Kompetenzmodell integriert werden soll.

2. Interner Kick-Off

Kick-Off mit allen relevanten Personen

Danach sollten Sie alle relevanten Personen, die aus der groben Skizze des Modells hervorgehen, zu einer ersten Planungsrunde, wir nennen es internen Kick-Off, einladen. Relevante Personen sind beispielsweise: HR-Mitarbeiter, die für die relevanten HR-Instrumente verantwortlich sind, HR-Mitarbeiter, die die betroffenen Laufbahngruppen betreuen, Personalvertretungen, Vertreter der Unternehmensbereiche, für die das Kompetenzmodell gilt, Vertreter der Unternehmensleitung und der Organisationsentwicklung, Vertreter der internen Kommunikationsabteilungen. Das Ziel des internen Kick-Offs sollte nicht nur darin bestehen, diese Personen zu informieren, sondern vor allem dazu dienen, sie aktiv zu beteiligen. Sammeln Sie wichtige Informationen, die für Ihre weitere Arbeit relevant ist, ebenso wie Wünsche und Erwartungen an das Kompetenzmodell sowie potenzielle Befürchtungen. Weitere Anhaltspunkte für Inhalte des Meetings finden Sie in Abschnitt 4.1. Insgesamt sollten Sie in diesem Kick-Off einen kontinuierlichen Austausch initiieren, der in der Folge über verschiedene Plattformen (z. B. das Intranet, weitere Treffen) fortgesetzt wird.

3. Planung der Anforderungsanalysen

Zusammenstellung der Erhebungsmethoden

Basierend auf den ersten beiden Schritten können Sie die anstehenden Anforderungsanalysen planen. Nach Möglichkeit berücksichtigen Sie dabei verschiedenen Methoden der Anforderungsanalyse (siehe Abschnitt 4.2.), planen dabei ein, eine repräsentative Stichprobe aus der relevanten Personengruppe aktiv in die Anforderungsanalyse zu involvieren, bedenken ein Top-Down sowie Bottom-Up-Vorgehen (siehe Abschnitt 4.1.1), sodass Sie insgesamt Informationen zu allen Ebenen eines Kompetenzmodells enthalten (siehe Abschnitte 1.2.2, 4.1.7). Konkret könnte Ihr Plan vorsehen, dass Sie im Rahmen von Befragungen von Arbeitsplatzinhabern anhand der Critical-Incident-Technik eine breite Liste an Anforderungen erarbeiten. Danach könnten Sie eine breitere Befragung mithilfe von Fragebögen zu der subjektiven Einschätzung der Wichtigkeit dieser Anforderungen durchführen. Neben den durch die Interviews ermittelten Anforderungen sollten Sie auch einige Aspekte aus etablierten psychologischen Modellen in die Fragebogenerhebung aufnehmen (siehe Abschnitte 2.2 und 2.3). Schließlich könnte Ihre Anforderungsanalyse Workshops mit Vertretern des Managements beinhalten, in denen die Unternehmensstrategie und zukünftige Herausforderungen in Kompetenzen „übersetzt“ werden.

4. Kick-Off

Laden Sie möglichst breit zu einer Kick-Off-Veranstaltung ein. Beziehen Sie die internen Kommunikationsabteilungen in die Planung dieses Kick-Offs und begleitender Maßnahmen ein. Ziel des Kick-Offs sollte es sein, alle interessierten Mitarbeiter zu informieren, typischen Ängsten zu begegnen und es allen zu ermöglichen, sich kontinuierlich über aktuelle Entwicklungen zu informieren bzw. sich einzubringen (über einen Ansprechpartner, durch einen Blog im Intranet etc.).

Informieren interessierter Mitarbeiter

5. Durchführung und Auswertung der Anforderungsanalysen

Erfahrungsgemäß müssen Sie hierfür einen Großteil der Projektlaufzeit einplanen. Werten Sie die Ergebnisse der Anforderungsanalyse hinsichtlich aller Ebenen des Kompetenzmodells aus (vgl. Abschnitt 1.2.2). Eine große Herausforderung liegt dabei in der Verknüpfung der auf unterschiedlichen Ebenen gewonnenen Erkenntnisse. Ziehen Sie hierzu psychologisches Fachwissen zurate. Besonders die Ergebnisse des Top-Down- und Bottom-Up-Vorgehens mögen nicht immer leicht in Einklang zu bringen sein. Hilfreich kann hierbei auch eine Orientierung an generischen Kompetenzmodellen sein. Ziel von Schritt 5 sollte sein, einen ersten Entwurf des Kompetenzmodells zu erstellen. Die Ergebnisse der Anforderungsanalyse sollten Sie auch dahingehend analysieren, ob deutliche Unterschiede zwischen unterschiedlichen Personengruppen (z. B. Führungskräften und Fachkräften) sowie zwischen verschiedenen Unternehmensteilen (z. B. Betrieb und Vertrieb) bestehen. So erhalten Sie Erkenntnisse zu einer möglichen Untergliederung des Kompetenzmodells.

Erstellung eines Erstentwurfs des Kompetenzmodells

6. Erster Härtetest des Entwurfs

Stellen Sie den ersten Entwurf des Kompetenzmodells den in Schritt 2 beteiligten Personen vor. Holen Sie sich von diesen Personen vor allem eine Einschätzung bezüglich der Akzeptanz des Modells und der Anwendbarkeit in den verschiedenen Personalinstrumenten ab. Nehmen Sie nötigenfalls Anpassungen vor.

Rückmeldung relevanter Personen einholen

7. Einführung im Unternehmen

Planen Sie mit den Kommunikationsabteilungen und den betroffenen HR-Managern die Einführung im Unternehmen. Prüfen Sie, wie das finale Kompetenzmodell unternehmensweit und nachhaltig eingeführt werden kann, welche Personen eine Schulung erhalten sollten (z. B. zur Anwendung des Kompetenzmodells in HR-Instrumenten) und welche Instrumente überarbeitet werden müssen.

Schaffen von Transparenz

4.4 Abschließende Empfehlungen

Einbezug des strategischen Managements in Form von Interviews oder Workshops

Wenn Ihr Kompetenzmodell über bestimmte Tätigkeiten hinaus Geltung haben soll, also Kompetenzen enthält, die unternehmensweit relevant sind, sollten Sie diese nicht ausschließlich Bottom-Up ermitteln, sondern das strategische Management einbeziehen. So lassen sich auch strategische Entwicklungen des Unternehmens, die Unternehmensphilosophie und ähnliche Aspekte berücksichtigen.

Führen Sie Anforderungsanalysen nicht ausschließlich anhand von vorgefertigten Fragebögen durch

Die vorgefertigten Fragebögen enthalten zwar in der Regel umfangreiche Aspekte der beruflichen Tätigkeit und sind vorab auch auf ihre Gültigkeit und Zuverlässigkeit geprüft worden, es können aber durchaus Spezifika ihrer Organisation nicht darin enthalten sein. Die Ergebnisse einer Befragung anhand vorgefertigter Fragebögen beschränken sich auf die darin enthaltenen Aspekte. Über andere Aspekte, die in ihrer Organisation unter Umständen besonders relevant sind, erhalten Sie keine Informationen. Daher sollten Sie spezielle, für Ihre Organisation entwickelte Fragebögen, in Kombination mit etablierten Fragebögen zur Anforderungsanalyse einsetzen.

Gehen Sie in die Tiefe

Begnügen Sie sich nicht mit oberflächlichen Kompetenzbegriffen. Wenn Ihr Kompetenzmodell in verschiedenen HR-Tätigkeitsfeldern zum Einsatz kommen soll – und genau in der Verzahnung vieler HR-Instrument liegt der große Nutzen von Kompetenzmodellen –, dann berücksichtigen Sie auch: Die Kompetenzbegriffe müssen in der Tiefenstruktur des Modells konkret genug beschrieben sein (z. B. in Form von konkretem Verhalten), so dass diese messbar sind, Ansätze bieten für Verhaltensänderungen der Mitarbeiter und in Trainings genutzt werden können. Nicht zuletzt vermeiden Sie so, dass Ihre mühsam generierten Kompetenzen für einige Mitarbeiter lediglich „Worthülsen" darstellen.

Gehen Sie auch insofern in die Tiefe, als dass Sie Kompetenzen nicht nur „von oben herab" identifizieren. Das Management hat sicherlich klare Vorstellungen über relevante Kompetenzen. Manche Kompetenzen sind aber besonders von Mitarbeitern in hierarchisch niedriger angesiedelten Positionen gefordert – diese sollten nicht übersehen werden.

Orientieren Sie sich an etablierten Modellen

Die in den Abschnitten 2.2 bis 2.4 dargestellten Modelle erfahren in der wissenschaftlichen Landschaft eine breite Zustimmung. Sie erreichen eine zusätzliche Fundierung Ihres Kompetenzmodells, wenn Sie die darin enthaltenen Kompetenzen mit etablierten Begriffen der wissenschaftlichen Psychologie abgleichen. Wenn Sie für sich neben dem firmeninternen Wording diese etablierten Begriffe abspeichern, können Sie stets auf die aktuellste Forschung dazu zurückgreifen. So substantiieren Sie Ihr Modell beispielsweise durch Untersuchungen zur Relevanz der Kompetenzen, Befunde zur Veränderung der Kompetenzen im Alter, Trainierbarkeit der Kompetenzen etc. Solche und weitere Erkenntnisse stehen in der Regel für die in den Abschnitten 2.2 bis 2.4 beschriebenen Bereiche zur Verfügung.

Bedenken Sie, dass Kompetenzmodelle keine Wunschmodelle sind

Sicherlich gilt immer, dass es auch schön wäre, noch mehr als die von den jeweiligen Verantwortlichen bereits identifizierten Kompetenzen mit in das Kompetenzmodell aufnehmen zu können. Besonders bei der Finalisierung eines Kompetenzmodells kommt es häufig vor, dass jemand einwirft: „Ich halte aber außerdem noch für wichtig …". Solche Aussagen könnte man beliebig tätigen, bis eine endlos lange Liste entsteht, die den perfekten Mitarbeiter für alle eventuell auftretenden Herausforderungen beschreibt. Daher ist es umso wichtiger, dass die Ermittlung der notwendigen Kompetenzen auf belastbaren Analysen beruht (z. B. Anforderungsanalysen aufgrund von schriftlichen Befragungen der Stelleninhaber oder Interviews nach der Critical-Incident-Technik). So haben Sie Erkenntnisse über die tatsächlich als notwendig erachteten Kompetenzen – weitere „Wunsch-Kompetenzen" können begründet zurückgewiesen werden. Es gilt in diesem Zusammenhang auch, eine handhabbare Anzahl an Kompetenzen in ein Kompetenzmodell aufzunehmen (siehe auch Abschnitt 4.1.3: PaiRS-Methode zur Priorisierung von Kompetenzen).

Zusammenfassung

- Die wesentlichen Schritte bei der Erstellung eines Kompetenzmodells sind – neben der Identifikation der Anforderungen: Festlegung der Zielsetzung, Erstellen eines Aktionsplans, Überprüfung, Anpassung und Validierung des Modells sowie Implementierung des fertigen Modells. Bei der Identifikation von Anforderungen kann Top-Down oder Bottom-Up vorgegangen werden. Jede Phase ist wichtig, die reine Identifikation von Anforderungen ist nicht ausreichend.
- Standardisierte Fragebögen und Interviews, z. B. nach der Critical-Incident-Technik, sind Möglichkeiten zur Identifikation von Anforderungen, die sich gegenseitig ergänzen können.

5 Fallbeispiele aus der Unternehmenspraxis

In den vorangegangenen Kapiteln wurden verschiedene Theorien, Modelle und Methoden vorgestellt. Im Folgenden sollen verschiedene Varianten der konkreten Umsetzung anhand von Praxisbeispielen beschrieben werden.

Dabei stehen die folgenden Fragen im Vordergrund:
- Wie sind andere Organisationen vorgegangen?
- Welche Zielsetzungen und Anforderungen führten zur Verwendung welcher Methoden?

Das Kapitel soll Anregungen für die konkrete Nutzung der theoretischen Ansätze in der Praxis geben und den Prozess der Entwicklung eines Kompetenzmodells weiter mit Leben füllen.

In den folgenden Abschnitten wird auch deutlich, dass das idealtypische Vorgehen, wie es in den Kapiteln 3 und 4 dargestellt wurde, aus verschiedenen organisatorischen Gründen nicht immer realisiert werden kann. Es sollte jeweils sorgfältig geprüft werden, inwiefern alle wichtigen Schritte in der Erstellung eines Kompetenzmodells umgesetzt werden können, um die Qualität des Ergebnisses nicht einzuschränken.

5.1 Klassifikation

Verschiedenste Vorgehensweisen in der Praxis

In Kapitel 4 wurden bereits verschiedene Vorgehensweisen und Methoden zur Entwicklung eines Kompetenzmodells vorgestellt. Auch in der Praxis unterscheiden sich die Vorgehensweisen erfahrungsgemäß deutlich. Die folgenden Praxisbeispiele variieren vor allem hinsichtlich der Rolle der Mitarbeiter bei der Entwicklung eines Kompetenzmodells und hinsichtlich des Ausmaßes, in dem die Inhalte des Kompetenzmodells von anderen Faktoren wie beispielsweise dem Unternehmensleitbild abhängen.

Variierender Grad der Beteiligung der Mitarbeiter

Der Grad der Beteiligung der Mitarbeiter ist ein wichtiger Aspekt, sind doch zum Beispiel bei Großkonzernen gleich mehrere Tausend Mitarbeiter von der Einführung eines neuen Kompetenzmodells betroffen. Aus den Change-Prozessen vieler Organisationen kennt man den Grundsatz: „Mache Betroffene zu Beteiligten!" Die Wahrscheinlichkeit der Akzeptanz erhöht sich nachweisbar. Dennoch gibt es auch praktische Gründe dafür, nur wenige „Experten" mit der Aufgabe der Entwicklung eines Kompetenzmodells zu betrauen (z. B. Ökonomie).

Variierender Grad der Abhängigkeit

Bei der Entscheidung nach dem Grad der Abhängigkeit können zum Beispiel aktuelle geschäftsstrategische Prozesse den Handlungsspielraum bei der Entwicklung einschränken. Zwei der beschriebenen Praxisbeispiele sind dadurch charakterisiert. Die folgenden Praxisbeispiele können damit nach der folgenden Grafik unterteilt werden.

Grad der Beteiligung	Grad der Abhängigkeit: gering	Grad der Abhängigkeit: stark
Gering	Fallbeispiel 1 Schunk Group	Fallbeispiel 2 VPV Versicherungen
Stark	Fallbeispiel 3 ki.m Beratung	Fallbeispiel 4 Commerzbank AG

Abbildung 25:
Übersicht über die dargestellten Fallbeispiele

Die Vorgehensweisen unterscheiden sich dabei aber nicht nur hinsichtlich des Grads der Beteiligung und des Grads der Abhängigkeit. Es wurden je nach Ausgangslage auch unterschiedliche Methoden verwendet, es sind verschiedenste Probleme aufgetreten und auch die Nutzung des nach langem Wege fertig gestellten Kompetenzmodells unterscheidet sich von Fall zu Fall.

5.2 Beispiele der Unternehmenspraxis

5.2.1 Fallbeispiel 1: Schunk Group

Ausgangssituation

Neuentwicklung eines Kompetenzmodells bei der Schunk Group

Thomas (2010) findet bei ihrer Online-Befragung der 380 umsatzstärksten Unternehmen in Deutschland einen Einsatzgrad von Kompetenzmodellen in Organisationen von fast 67 %. Bei der Hälfte der Nicht-Anwender wird angegeben, in den nächsten zwei Jahren ein Kompetenzmodell einzuführen. Dies ist auch im ersten Unternehmensbeispiel der Fall. Im Rahmen einer Neuausrichtung des globalen Personalentwicklungsprozesses bestand der erste Teilschritt aus der Entwicklung eines Kompetenzmodells, das beispielsweise als Grundlage für ein späteres Development-Center dienen sollte. Die Schunk Group beauftragte für diesen Prozess einen externen Dienstleister.

Vorgehensweise

Entwicklungsphase: Dokumentenanalyse, externe Benchmarks und Expertise des Dienstleisters

Wie sieht unter diesen Voraussetzungen eine mögliche Vorgehensweise aus? In diesem Fall lag der erste Schritt in einer umfassenden Dokumentenanalyse. Hierfür wurden Ergebnisse einer 360°-Analyse, das Leitbild des Unternehmens sowie das Gehaltssystem des Unternehmens unter die Lupe genommen. Neben diesen Dokumenten wurden Ideen der HR-Abteilung, externe Benchmarks sowie die Expertise des externen Dienstleisters genutzt. Ziel dessen war ein erster Rohentwurf des Kompetenzmodells. In enger Zusammenarbeit zwischen externem Dienstleister und Vertretern der HR-Abteilung wurde schließlich die erste Arbeitsversion entwickelt. Dabei gab es in der Entwicklungsphase keine Vorgaben oder Blaupausen, so dass eine weitestgehend freie Gestaltung des Modells möglich war.

Workshop zur Finalisierung

Die erste Arbeitsversion wurde genutzt, um gemeinsam mit der Geschäftsführung sowie ausgewählten Führungskräften einen Workshop zur Finalisierung durchzuführen. Die beteiligten Führungskräfte wurden bewusst sehr heterogen und international ausgewählt, um einen möglichst repräsentativen Querschnitt zu erhalten. Gewünscht waren in diesem Zusammenhang vor allem kritisches Feedback und das Einbeziehen der Erfahrungen von Unternehmensvertretern. Weitere Führungskräfte oder Mitarbeiter wurden in diesem Schritt nicht beteiligt. Da das Kompetenzmodell im ersten Schritt nur für die oberen Führungskräfte eingesetzt werden sollte, konnte die Information des Betriebsrates zu einem späteren Zeitpunkt erfolgen.

Einsatz des Kompetenzmodells

Nutzung zur Identifikation von Potenzialträgern

Ziel des gesamten Prozesses war eine Neuausrichtung des Personalentwicklungsprozesses: Potenzialträger sollten identifiziert werden und im Anschluss ein Development-Center sowie ein Development-Programm durchlaufen. Insbesondere war mit dem Kompetenzmodell erwünscht, ein unternehmensweit einheitliches Verständnis über Leistung und Potenziale mit dem Ziel einer vergleichbaren Potenzialbeurteilung zu erhalten. Das Modell ermöglichte die Entwicklung eines kompetenzorientierten Interviewleitfadens für die Identifikation von Potenzialträgern sowie eine kompetenzorientierte Stärken- und Schwächen-Analyse im Rahmen des Development-Centers mit darauf aufbauenden Entwicklungsmaßnahmen.

Probleme beim Vorgehen

Begleitende Maßnahmen: Mitarbeitergespräche

Die besondere Herausforderung bestand darin, ein Kompetenzmodell zu entwickeln, welches in den unterschiedlich personalstarken Gesellschaften der Schunk Group und an 60 Standorten weltweit gültig sein sollte. Bedenken hinsichtlich der späteren Umsetzung wurde mit der gleichzeitigen Einführung eines Mitarbeitergesprächs als Kommunikationsplattform begegnet. Als hilfreich für die Akzeptanz des Modells wurden die konkreten und passenden Verhaltensanker für die spezifischen Kompetenzfacetten angesehen.

Als Erfolgsfaktor erwies sich insgesamt die Verankerung des Modells in der Geschäftsstrategie sowie die Einbindung des Top-Managements. Diese Faktoren werden auch in den Aussagen der verantwortlichen Head of Global Human Resources der Schunk Group, Frau Karin Merte, deutlich, die in Auszügen im nachfolgenden Kasten dargestellt sind.

Auszug aus einem Interview
Auszug aus einem Interview der Autoren mit Karin Merte (Head of Global Human Resources der Schunk Group, verantwortlich für die Einführung des Kompetenzmodells): *Was waren für Sie die entscheidenden Faktoren für den Erfolg der Einführung des Kompetenzmodells?* Karin Merte: Entscheidend war, dass die Konzerngeschäftsführung den Prozess angestoßen hat und uneingeschränkt hinter dem Kompetenzmodell steht. Wichtig für den langfristigen Erfolg war die Verbindung mit dem „Mitarbeitergespräch". Die Kompetenzen und Verhaltensanker wurden eins zu eins in das Mitarbeitergespräch integriert. Dadurch wurden der Nutzen und die Notwendigkeit des Kompetenzmodells für alle offensichtlich. *Welche Empfehlungen würden Sie anderen geben, die eine Kompetenzmodell-Entwicklung planen?* Fr. Merte: Wichtig ist es, konkrete Verhaltensanker zu formulieren. Diese müssen unbedingt passend gestaltet sein! Und am besten immer ein Kompetenzmodell über alle Hierarchieebenen und Funktionen sowie für alle Gesellschaften weltweit. Machen Sie es so einheitlich wie möglich!

5.2.2 Fallbeispiel 2: VPV Versicherungen

Ausgangssituation

Berücksichtigung des Change-Prozesses

Ein Thema, das sich in nahezu allen Unternehmensbereichen findet, ist der stetige und schnelle Wandel, der es erfordert, Vorgehensweisen, Technologien und nicht zuletzt Personalinstrumente an die neusten Entwicklungen anzupassen. So ist es nicht selten, dass ein Unternehmen zwar bereits über ein Kompetenzmodell verfügt, Veränderungen aber dennoch die Entwicklung eines neuen Modells erforderlich machen.

Entwicklung eines Kompetenzmodells bei der VPV Versicherung

Das zweite Fallbeispiel greift diese Situation auf: Die Personalabteilung der VPV Versicherungen legte im Mai 2005 ein Konzept für die Weiterentwicklung des Kompetenzmodells vor. Neben der Neuausrichtung des Personalbereiches war die strategische Geschäftsprozessausrichtung in Qualität und Wachstum maßgeblich für den Relaunch. Der Grad der Beteiligung der Mitarbeiter war in diesem Fall gering: Die Entwicklung erfolgte durch die HR-Abteilung, das Kompetenzmodell wurde durch den Vorstand verabschiedet, Führungskräfte und Betriebsrat anschließend informiert, bis das Kompetenzmodell dann schließlich bei allen Mitarbeitern vorgestellt wurde. Lediglich Führungskräfte und Betriebsrat hatten so noch die Möglichkeit für Änderungsvorschläge.

Vorgehensweise

Verschlankung des alten Modells

Abgeleitet aus der neuen Unternehmensstrategie „Qualität & Wachstum" und einer Kompetenzvorlage aus durchgeführten Management Audits wurde das alte Kompetenzmodell mit sechs Kompetenzdimensionen und 26 Kompetenzen einer deutlichen Verschlankung unterzogen. Verantwortlich für den Prozess war die neu geschaffene Abteilung „Strategisches & Operatives Personalmanagement". Diese Verantwortlichkeitsübernahme durch eine strategische Abteilung stellte sich als äußerst hilfreich dar. Es wurden vier große Kompetenzfelder definiert, die in Einzelkompetenzen und Teilkompetenzen aufgegliedert wurden und schließlich mit Verhaltensbeschreibungen beobachtbar und bewertbar gemacht wurden. Diese reine interne Expertenentwicklung sah eine Einbindung von Führungskräften nicht weiter vor. Lediglich zu einem späteren Zeitpunkt, bei einem weiteren Projekt zu Führungsleitlinien, war eine stärkere Abstimmung mit Vorstandsvertretern nötig.

Einsatz des Kompetenzmodells

Grundlage für viele HR-Instrumente

Das neue Kompetenzmodell stellt nunmehr die Basis für alle Instrumente des HR-Managements und vieler Managementsysteme des Unternehmens dar (siehe Abbildung 26). So dient es als Grundlage für Leistungsbeurteilungen (Performance Management, Feedback-Systeme etc.), der Nachfolge-,

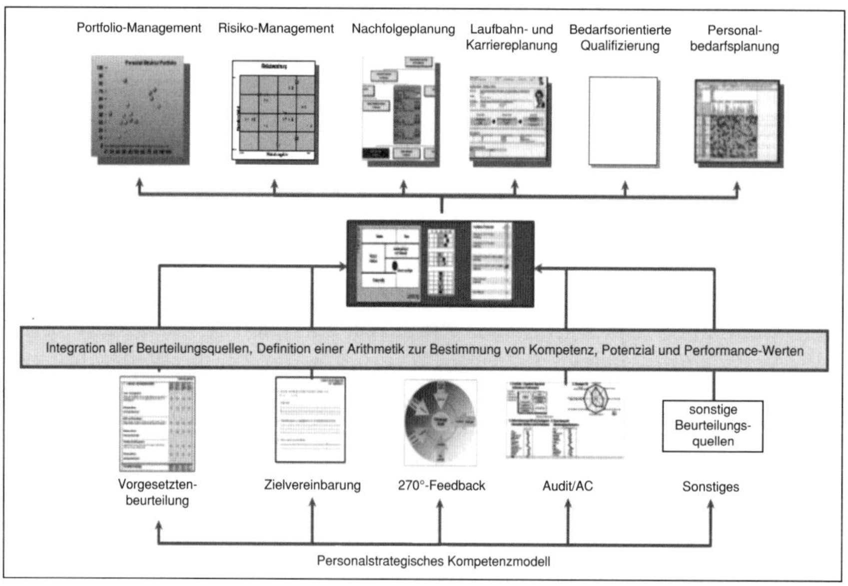

Abbildung 26:
Einbettung des Kompetenzmodells und Verzahnung der HR-Instrumente

Laufbahn- und Karriereplanung sowie einer bedarfsorientierten Qualifizierung. Das Unternehmen wird damit dem Anspruch gerecht, das Kompetenzmodell mit allen wichtigen Personalinstrumenten zu verzahnen.

Auszug aus einem Interview

Auszug aus einem Interview der Autoren mit Stephanie Schorp-Leibkutsch (ehemals Leiterin der Abteilung strategische Personalentwicklung der VPV und verantwortlich für die Einführung des Kompetenzmodells, heute Partner bei Comites Search & Certainty München):

Würden Sie bei der Entwicklung eher ein „Expertensystem" (Entwicklung durch Berater oder Fachabteilung) einer breiten, kooperativen Entwicklung vorziehen? Wenn ja, warum?

Stephanie Schorp-Leibkutsch: Am besten finde ich diese Aufgaben bei der Personalentwicklung oder im strategischen Personalmanagement der Unternehmen aufgehoben, die Mischung mit einem Externen macht aus meiner Sicht nur Sinn, wenn die Kompetenz im Unternehmen nicht vorhanden ist. Ansonsten verderben „zu viele Köche" eher den Brei, als dass ein Mehrwert entstünde. Die Konzeption in die Hände weniger unter Einbeziehung des Top-Managements und einzelner Managementvertreter zu legen, ist erfahrungsgemäß sehr Erfolg versprechend, nicht zuletzt, um auch ein gemeinsames Verständnis über die Anforderungen der Führungskräfte zu erlangen.

Sind aus Ihrer Sicht Kompetenzmodelle die Mühe und Kosten Wert, die man hineinsteckt?

Fr. Schorp-Leibkutsch: Kompetenzmodelle sind für modernes und professionelles Personalmanagement unverzichtbar. Wenn sie allerdings für Beurteilung, Auswahl und Entwicklung nicht benutzt werden und/oder vor allem gelebt werden, sind sie genauso überflüssig wie Unternehmensleitbilder, die hübsch eingerahmt hängen, aber keiner sie lebt. Es sind dann bloße Worthülsen, deren Ansprüchen die meisten Manager im Unternehmen in keiner Weise gerecht werden, also eher Wunschdenken als Realität.

5.2.3 Fallbeispiel 3: kölner institut für managementberatung (ki.m)

Ausgangssituation

Entwicklung eines unternehmensübergreifenden Kompetenzmodells

Das Kompetenzmodell des kölner instituts für managementberatung ist ein Beispiel für ein Modell, das nicht für ein spezifisches Unternehmen, sondern als eine Art Meta-Modell (generisches, unternehmensübergreifendes

Kompetenzmodell) entwickelt werden sollte. Dieses Modell sollte für unterschiedliche Unternehmen als Grundlage für die Durchführung von Management Audits und Personalentwicklungsmaßnahmen dienen. Die Herausforderungen für die Entwicklung waren damit hoch: Das Modell musste allgemein genug sein, um es auf unterschiedliche Branchen, Unternehmen und Stellen anwenden zu können, ohne dabei die nötige Differenzierung für die Aufgabe und Führungsebene zu vernachlässigen.

Integration von wissenschaftlichen Erkenntnissen und bestehenden Modellen

Vorgehensweise

Die Entwicklung des Modells wurde durch ein Projektteam übernommen. Erste Schritte bestanden einerseits in der Sichtung bestehender Kompetenzmodelle von Unternehmen, andererseits wurde eine umfassende Literatur-

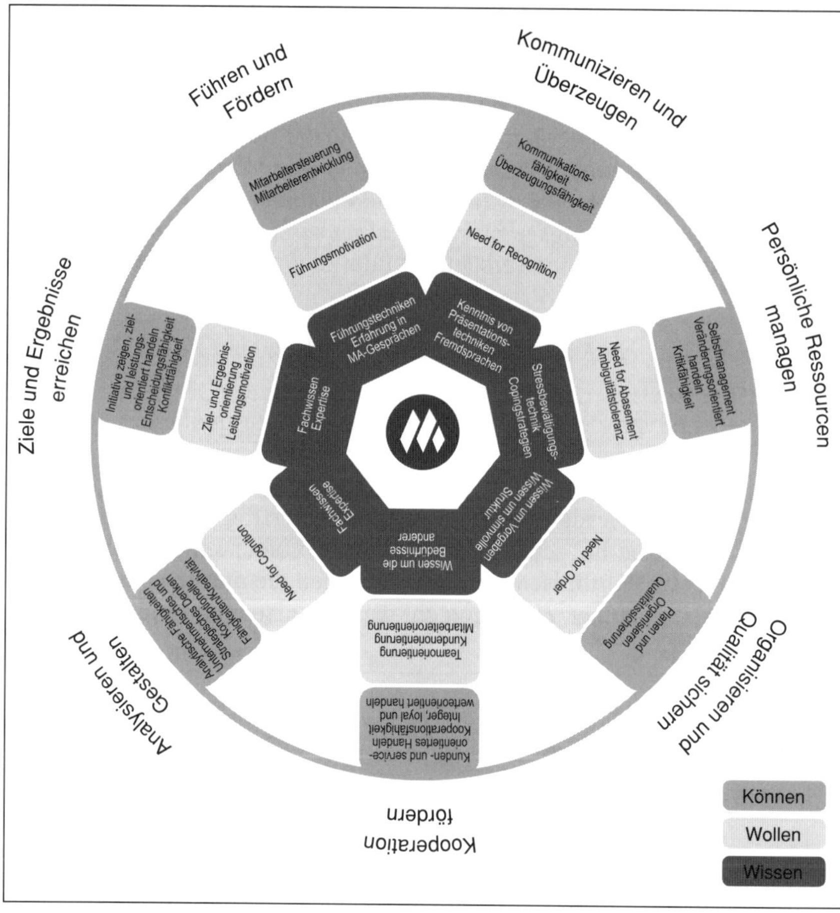

Abbildung 27:
Kompetenzmodell des kölner instituts für managementberatung

recherche zum derzeitigen Stand der Forschung durchgeführt (vgl. Bartram, 2005; Campbell et al., 1996). Weiterhin wurden die einzelnen Kompetenzen in drei Bereiche differenziert: Verhalten (Können), Kenntnisse (Wissen) und Motivation (Wollen). Diesen Bereichen wurden verschiedene Subkompetenzen zugeordnet, die nicht zuletzt durch die Analyse bestehender Modelle identifiziert wurden. Abbildung 27 verdeutlicht die Systematik des Modells.

Einsatz des Kompetenzmodells

Derzeit Erprobungsphase

Wie bereits beschrieben, sollte das Kompetenzmodell als Vorlage für die Durchführung von Management Audits für unterschiedliche Kunden des Beratungsunternehmens genutzt werden. Eine der Herausforderungen besteht z. B. darin, die Ergebnisse der psychologischen Begutachtung in Form eines schriftlichen Ergebnisberichtes in die Kompetenzsprache der auftraggebenden Organisation zu überführen. Das Modell befindet sich aktuell in der Explorationsphase.

Probleme bei der Entwicklung

Herausforderungen ergaben sich durch die spezielle Fragestellung der Multifunktionalität. Die Sammlungsphase aller Kompetenzmodelle und Kompetenzbeschreibungen der Kunden des kölner instituts für managementberatung nahm daher einige Monate in Anspruch.

5.2.4 Fallbeispiel 4: Commerzbank AG

Ausgangssituation

Überarbeitung des Commerzbank-Kompetenzmodells

Bei unserem vierten Fallbeispiel, der Commerzbank AG, war bereits ein Kompetenzmodell vorhanden. Dennoch veranlassten verschiedene Aspekte die HR-Mitarbeiter, einen externen Dienstleister für die Entwicklung eines neuen Kompetenzmodells zu beauftragen. Das Unternehmen verfügte bereits über die unterschiedlichsten Personalinstrumente, die jedoch nicht in vollem Umfang auf das bisherige Kompetenzmodell abgestimmt waren. Eine wesentliche Anforderung bestand demzufolge darin, eine Kompatibilität zwischen Kompetenzmodell und den Unternehmenswerten sowie den Beschreibungen der möglichen unternehmensspezifischen Karrierewege herzustellen. Der Grad der Abhängigkeit von bestehenden Personalinstrumenten war somit hoch. In erster Linie wurde mit der Überarbeitung des Kompetenzmodells eine Reduktion der annähernd 30 Kompetenzen des alten Modells auf wenige trennscharfe Kompetenzen verfolgt. Erfahrungen und Analysen im Vorfeld deuteten darauf hin, dass die ursprünglichen Kompetenzen zum Teil Überschneidungen aufwiesen. Darüber hinaus wurde das

Ziel verfolgt, mit dem Kompetenzmodell die Basis für die Vernetzung der einzelnen HR-Instrumente zu legen. Führungskräften soll es als Grundlage für die Beurteilung von Mitarbeitern, die Ableitung von Qualifizierungsbedarfen sowie zum Aufzeigen von Entwicklungsschritten dienen. Vorstellungen bezüglich des konkreten Vorgehens bei der Entwicklung waren seitens des Unternehmens schließlich ebenfalls vorhanden: Der Wunsch nach einem hohen Maß der Beteiligung der Mitarbeiter stellte eine wesentliche Anforderung für das weitere Vorgehen dar.

Vorgehensweise

Berücksichtigung von Kompetenzclustern

In einem ersten Projektschritt mussten die für die Entwicklung relevanten Personalinstrumente sowie das alte Kompetenzmodell gesichtet werden. Eine Analyse der bisherigen HR-Instrumente sollte zudem Aufschluss darüber geben, in welchen Bereichen welche Kompetenzen genutzt werden. Ergänzend zu diesen Analysen wurden Experteninterviews sowie ein externes Benchmarking durchgeführt. All diese Informationen flossen zusammen und bildeten damit die Grundlage für eine erste Arbeitsversion des neuen Kompetenzmodells. Der Aufbau der ersten Version des neuen Modells richtete sich dabei weitestgehend nach dem empfohlenen Aufbau: Kompetenzcluster zur sinnvollen Strukturierung des Modells sowie Kompetenzen mit Subkriterien und verhaltensorientierten Beschreibungen.

Mehrfache Workshops

Für die gewünschte starke Verzahnung in die Belegschaft wurden mehrere Workshops sowohl bereichsspezifisch (z. B. Vertrieb, Zentralbereiche) als auch funktionsstufenspezifisch (z. B. Vertreter verschiedener Funktions- und Führungsebenen) durchgeführt. Ziel der bereichsspezifischen Workshops war die Klärung, welche Wichtigkeit einzelne Kompetenzen für den jeweiligen Bereich haben, so dass Kernkompetenzen identifiziert werden können. Diese im Workshop gewonnenen Kernkompetenzen wurden im zweiten Schritt im Rahmen der Workshops der Funktionsbereiche genutzt, um den Kompetenzpool mit Leben zu füllen. Es erfolgte eine Ausdifferenzierung der Verhaltensbeschreibungen der einzelnen Kompetenzen für die jeweiligen Funktionsbereiche.

PaiRS

Die Methode der bereichsspezifischen Workshops wird Ihnen bereits bekannt vorkommen: In einem Fall, in dem ein Kompetenzpool auf die wesentlichen Kernkompetenzen reduziert werden soll, kann die Methode der Paarvergleiche (PaiRS) genutzt werden (siehe Kapitel 4.1.3). Die nachfolgende Ausdifferenzierung der Verhaltensbeschreibungen der einzelnen Funktionsstufen erfolgt dabei durch Überlegungen zum Handlungsgrad, Komplexitätsgrad sowie zum Freiheitsgrad einer Funktion. Oder anders gesagt: Diese Angaben dienen als Hilfestellung für die Formulierung konkreter Verhaltensweisen für die jeweiligen Funktionsstufen.

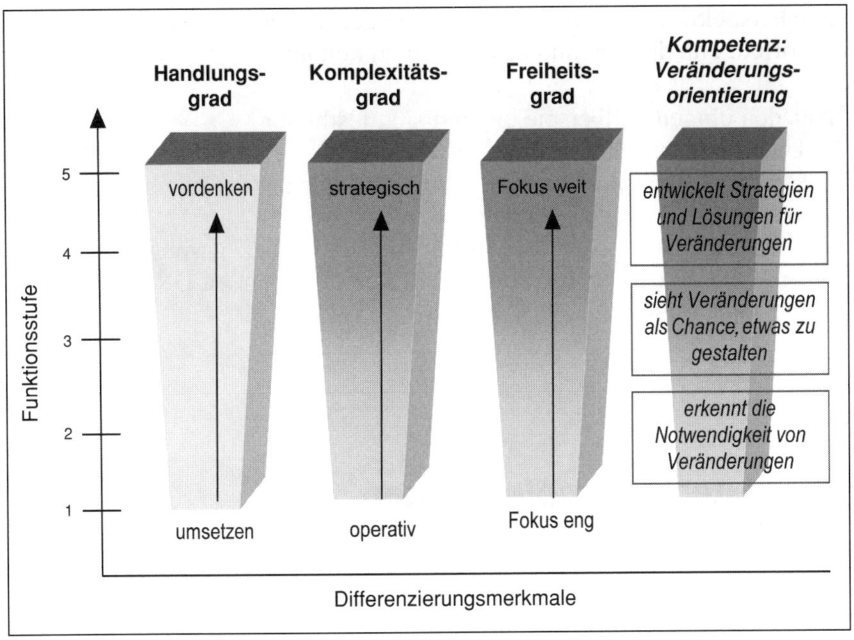

Abbildung 28:
Vorgehensweise bei der Ausdifferenzierung der Verhaltensbeschreibungen

Einsatz des Kompetenzmodells

Roll-Out

Nach diesen Workshops konnte die Finalisierung des Kompetenzmodells und letztlich das Roll-Out des Kompetenzmodells erfolgen. Das Kompetenzmodell wurde strategisch mit den bereits bestehenden Personalinstrumenten verknüpft und dient heute als Grundlage verschiedener Personalinstrumente von der Personalauswahl über die Leistungsbeurteilung bis hin zu verschiedenen Entwicklungsmaßnahmen.

Probleme bei der Entwicklung

Parallelität mit den Unternehmenswerten

Die größte Herausforderung bei der Überarbeitung des Kompetenzmodells ergab sich aus der zeitlichen Parallelität zum unternehmensweiten Werteprojekt „ComWerte". Jede redaktionelle Änderung an den Kompetenzen musste zunächst mit den Unternehmenswerten auf Kompatibilität abgeglichen werden. Nicht selten waren hier klare Anpassungsleistungen gefragt. Der Vernetzungsaufwand war sehr groß. Ein weiterer Problembereich ergab sich aus der Unterschiedlichkeit der beteiligten Bereiche. Alle sollten sich wiederfinden und das Kompetenzmodell schließlich nutzen. Hier liegt auch die zentrale Empfehlung aus dem Projekt: die Erwartungshaltung aller Auftraggeber und Stakeholder zu kennen und zu verschriftlichen, um möglichst viele Perspektiven mit einzubeziehen und gegebenenfalls auch Widerstände im Vorfeld antizipieren und ausräumen zu können.

Aus den obigen Fallbeispielen lässt sich festhalten:
- Unternehmen wählen unterschiedliche Herangehensweisen bei der Erstellung und Implementierung von Kompetenzmodellen, abhängig von verschiedenen Randbedingungen.
- Klärung strategischer Fragen im Vorfeld, Einbezug von betroffenen Personen und enge Verzahnung mit den bestehenden HR-Instrumenten sind wichtige Erfolgsfaktoren.

6 Literaturempfehlungen

Dunckel, H. (1999). *Handbuch psychologischer Arbeitsanalyseverfahren*. Zürich: vdf Hochschulverlag.

Gechter, S. & Jochmann, W. (2006). *Strategisches Kompetenzmanagement*. Heidelberg: Springer.

Schuler, H. (Hrsg.). (2006). *Lehrbuch der Personalpsychologie* (2., überarbeitete und erweiterte Aufl.). Göttingen: Hogrefe.

7 Literatur

Aamodt, M. G. (2010). *Industrial/Organizational Psychology*. Belmond: Wadsworth.

Adkins, C. L., Ravlin, E. C. & Meglino, B. M. (1996). Value congruence between co-workers and its relationship to work outcomes. *Group and Organizational Management, 21,* 439–460.

Amelang, M. & Schmidt-Atzert, L. (2006). *Psychologische Diagnostik und Intervention.* Berlin: Springer.

Barrick, M. R., Stewart, G. L. & Piotrowski, M. (2002). Personality and job performance: Test of the mediating effects of motivation among sales representatives. *Journal of Applied Psychology, 87,* 43–51.

Bartram, D. (2005). The great eight competencies: A criterion-centric approach to validation. *Journal of Applied Psychology, 90,* 1185–1203.

Bartram, D., Kurz, R. & Bailey, R. (2000). *The SHL Competency Framework, Internal SHL Memorandum.* Thames Ditton: SHL.

Bartram, D., Robertson, I. T. & Callinan, M. (2002). A framework for examining organizational effectiveness. In I. T. Robertson, M. Callinan & D. Bartram (Eds.), *Organizational effectiveness: The role of psychology* (p. 1–10). San Francisco: John Wiley & Sons.

Bass, B. (1997). Does the transactional-transformational leadership paradigm transcend organizational and national boundaries? *American Psychologist, 52* (2), 130–139.

Bilsky, W. & Schwartz, S.H. (1994). Values and personality. *European Journal of Personality, 8,* 163–181.

Blickle, G., Wendel, S. & Ferris, G.R. (2010). Political Skill as Moderator of Personality – Job Performance Relationships in Socioanalytic Theory: Test of the Getting Ahead Motive in Automobile Sales. *Journal of Vocational Behavior, 76,* 326–335.

Borman, W.C. & Brush, D.H. (1993). More progress toward a taxonomy of managerial performance requirements. *Human Performance, 6,* 1–21.

Borman, W.C. & Motowidlo, S.J. (1993). Expanding the criterion domain to include elements of contextual performance. In N. Schmitt & W.C. Borman (Eds.), *Personnel selection* (S. 71–98). San Francisco: Josey-Bass.

Bundesministerium für Bildung und Forschung (2010). *Demografischer Wandel – (k)ein Problem!* Bonn: Bundesministerium für Bildung und Forschung.

Campbell, J.P., Gasser, M.B. & Oswald, F.L. (1996). The substantive nature of performance variability. In K.R. Murphy (Eds.), *Individual differences and behavior in Organizations* (S. 606–612). San Francisco: Jossey-Bass.

Campbell, J.P., McCloy, R.A., Oppler, S.H. & Sager, C.E. (1993). A theory of performance. In E. Schmitt, W.C. Borman & Associates (Hrsg.), *Personnel selection in organizations* (S. 35–70). San Francisco: Jossey-Bass.

Carroll, J.B. (1993). *Human Cognitive Abilities: A Survey of Factor Analytic Studies.* New York: Cambridge University Press.

Catano, V.M., Wiesner, W.H., Hackett, R.D. & Methot, L.L. (2010). *Recruitment and Selection in Canada.* Toronto: Nelson Education Ltd.

Dalton, M. (1997). Are competency models a waste? *Training & Development, 51,* 46–49.

Davidson, W.N., Worrell, D.L. & Fox, J.B. (1996). Early retirement programs and firm performance. *Academy of Management Journal, 39,* 97–984.

Deutsches Institut für Normung (2002). *DIN 33430: Anforderungen an Verfahren und deren Einsatz bei berufsbezogenen Eignungsbeurteilungen.* Berlin: Beuth.

Dunckel, H. (1999). *Handbuch psychologischer Arbeitsanalyseverfahren.* Zürich: vdf Hochschulverlag.

Eck, C.D., Jöri, H. & Vogt, M. (2007). *Assessment-Center.* Heidelberg: Springer.

Erpenbeck, J. & von Rosenstiel, L. (2005). Kompetenz: Modische Worthülse oder innovatives Konzept? *Wirtschaftspsychologie aktuell, 3,* 39–42.

Felfe, J. & Goihl, K. (2002). Deutsche überarbeitete und ergänzte Version des „Multifactor Leadership Questionnaire" (MLQ). In A. Glöckner-Rist (Hrsg.), *ZUMA-Informationssystem. Elektronisches Handbuch sozialwissenschaftlicher Erhebungsinstrumente.* Version 5.00. Mannheim: Zentrum für Umfragen, Methoden und Analysen.

Flanagan, J.C. (1951). Defining the requirements of the executive's job. *Personnel, 28,* 28–35.

Fleishman, E.A. & Reilly, M.E. (1992). *Administrator's guide F-JAS.* Palo Alto, CA: Consulting Psychologists Press.

Fried, Y. & Ferris, G.R. (1987). The validity of the job characteristics model: A review and meta-analysis. *Personnel Psychology, 40,* 287–322.

Frieling, E. (1999). Fragebogen zur Arbeitsanalyse (FAA). In H. Dunckel (Hrsg.), *Handbuch psychologischer Arbeitsanalyseverfahren* (S. 113–124). Zürich: vdf Hochschulverlag.

Frieling, E. & Hoyos, Graf C. (1978). *Fragebogen zur Arbeitsanalyse (FAA).* Bern: Huber.

Furnham, A. (2008). *Personality and intelligence at work: Exploring and explaining individual differences at work.* New York: Routledge.

Grube, A. (2010). *Alterseffekte auf die Bedeutung berufsbezogener Motive und die Zielorientierung.* Dissertation, Universität Münster.

Hackman, J.R. & Oldham, G.R. (1975). Development of the Job Diagnostic Survey. *Journal of Applied Psychology, 60,* 159–170.

Hackman, J.R. & Oldham, G.R. (1976). Motivation through the design of work: Test of a theory. *Organizational Behavior of Human Performance, 16,* 250–279.

Heffernan, M.M. & Flood, P.C. (2000). An exploration of the relationships between the adoption of managerial competencies, organisational characteristics, human resource sophistiction and performance in Irish organisations. *Journal of European Industrial Training, 24,* 128–136.

Hertel, G., Dünnfründ, T., Filsinger, I., Guggenberger, A., Klinkner, A., Kraft, A., Schultz-Amling, D. & Moser, K. (1998). Entwicklung eines Leitbilds für ein mittelständisches Unternehmen. *Zeitschrift für Arbeits- und Organisationspsychologie, 42,* 158–165.

Hertel, G., Konradt, U. & Voss, K. (2006). Competencies for virtual teamwork: Development and validation of a web-based selection tool for members of distributed teams. *European Journal of Work and Organizational Psychology, 15,* 477–505.

Heyse, V. & Erpenbeck. J. (2004). *Kompetenztraining. 64 Informations- und Trainingsprogramme.* Stuttgart: Schäffer-Poeschel.

Hoffman, B.J. & Woehr, D.J. (2006). A quantitative review of the relationship between person-organization fit and behavioral outcomes. *Journal of Vocational Behavior, 68,* 389–399.

Holland, J.L. (1997). *Making vocational choices: A theory of vocational personalities and work environments.* Lutz, FL: Psychological Assessment Resources.

Hossiep, R. & Bräutigam, S. (2008). Ansätze zur systematischen Erfassung überfachlicher Positionsanforderungen. In W. Sarges & D. Scheffer (Hrsg.), *Innovative Ansätze für die Eignungsdiagnostik* (S. 275–285). Göttingen: Hogrefe.

Hossiep, R. & Mühlhaus, O. (2005). *Personalauswahl und -entwicklung mit Persönlichkeitstests.* Göttingen: Hogrefe.

Hossiep, R. & Paschen, M. (2003). *Bochumer Inventar zur berufsbezogenen Persönlichkeitsbeschreibung (BIP) (2., vollständig überarbeitete Auflage).* Göttingen: Hogrefe.

Hülsheger, U.R., Maier, G.W., Stumpp, T. & Muck, P.M. (2006). Vergleich kriteriumsbezogener Validitäten verschiedener Intelligenztests zur Vorhersage von Ausbildungserfolg in Deutschland: Ergebnisse einer Metaanalyse. *Zeitschrift für Personalpsychologie, 5,* 145–162.

Huselid, M.A. & Becker, B.E. (1996). Methodological Issues in Cross-Sectional and Panel Estimates of the Human Resource-Firm Performance Link. *Industrial Relations, 35,* 400–422.

Jäger, A.O. & Althoff, K. (1994). *Der Wilde-Intelligenz-Test (WIT)* (2., revidierte Auflage). Göttingen: Hogrefe.

Jörin, S., Stoll, F., Bergmann, C. & Eder, F. (2003). *EXPLORIX – das Werkzeug zur Berufswahl und Laufplanplanung. Deutschsprachige Adaptation und Weiterentwicklung des Self-Directed Search (SDS) nach John Holland.* Bern: Huber.

Judge, T.A. & Bono, J.E. (2001). Relationship of core self-evaluations traits – self-esteem, generalized self-efficacy, locus of control, and emotional stability – with job satisfaction and job performance: A meta-analysis. *Journal of Applied Psychology, 86,* 80–92.

Judge, T.A. & Piccolo, R.F. (2004). Transformational and transactional leadership: A meta-analytic test of their relative validity. *Journal of Applied Psychology, 89,* 755–768.

Judge, T.A., Piccolo, R.F. & Ilies, R. (2004). The forgotten ones? The validity of consideration and initiating structure in leadership research. *Journal of Applied Psychology, 89,* 36–51.

Kauffeld, S. (2002). Arbeits- und Organisationspsychologie. In G. Triebig, M. Kentner & R. Schiele (Hrsg.), *Arbeitsmedizin – Theorie und Praxis* (S. 645–653). Stuttgart: Gentner.

Kauffeld, S. & Grote, S. (1999). Der Job Diagnostic Survey (JDS) – Darstellung und Bewertung eines arbeitsanalytischen Verfahrens. *Zeitschrift für Arbeits- und Organisationspsychologie, 43,* 55–60.

Kauffeld, S. & Grote, S. (2011). Personalentwicklung. In S. Kauffeld (Hrsg.), *Arbeits-, Organisations- und Personalpsychologie* (S. 113–142). Heidelberg: Springer.

Kersting, M., Althoff, K. & Jäger, A. O. (2008). *Wilde-Intelligenz-Test 2 (WIT-2).* Göttingen: Hogrefe.

Kleinmann, M., Manzey, D., Schumacher, S. & Fleishman, E.A. (2010). *Fleishman Job Analyse System für eigenschaftsbezogene Anforderungsanalysen (F-JAS). Deutschsprachige Bearbeitung des Fleishman Job Analysis Survey by Edwin A. Fleishman.* Göttingen: Hogrefe.

König, C. J., Debus, M. E., Häusler, S., Lendenmann, N. & Kleinmann, M. (2010). Examining occupational self-efficacy, work locus of control and communication as moderators of the job insecurity-job performance relationship. *Economic and Industrial Democracy, 31,* 231–247.

Kotler, P., Armstrong, G., Saunders, J. & Wong, V. (2006). *Grundlagen des Marketing.* München: Pearson Studium.

Kramer, J. (2009). Allgemeine Intelligenz und beruflicher Erfolg in Deutschland: Vertiefende und weiterführende Metaanalysen. *Psychologische Rundschau, 60,* 82–98.

Krampen, G. (1991). *Fragebogen zu Kompetenz- und Kontrollüberzeugungen (FKK).* Göttingen: Hogrefe.

Krumm, S., Grube, A. & Hertel, G. (2012). No time for compromises: Age as a moderator of the relation between needs-supply fit and job satisfaction. *European Journal of Work and Organizational Psychology.* doi: 10.1080/1359432X.2012.676248

Krumm, S. & Schmidt-Atzert, L. (2009). *Leistungstests im Personalmanagement.* Göttingen: Hogrefe.

Langenscheidt (2012). *Langenscheidt Fremdwörterbuch Online.* Online verfügbar unter: http://services.langenscheidt.de/fremdwb/fremdwb.html [Zugriff am 24.01.2012].

LePine, J. A., Erez, A. & Johnson, D. E. (2002). The nature and dimensionality of organizational citizenship behavior: A critical review and meta-analysis. *Journal of Applied Psychology,* 87, 52 65.

Liepmann, D, Beauducel, A., Brocke, B. & Amthauer, R. (2007). *Intelligenz-Struktur-Test 2000 R (I-S-T 2000 R)* (2., erweiterte und überarbeitete Auflage). Göttingen: Hogrefe.

Lindeman, M. & Verkasalo, M. (2005). Measuring values with the short Schwartz's Value Survey. *Journal of Personality Assessment, 85,* 170–178.

Lucia, A. D. & Lepsinger, R. (1999). *The art and science of competency models: Pinpointing critical success factors in organizations.* San Francisco: Jossey-Bass.

Maier, W. (1988). *Arbeitsanalyse und Lohngestaltung.* Stuttgart: Lucius & Lucius.

Mansfield, R. S. (1996). Building competency models: Approach for HR professionals. *Human Resource Management, 35,* 7–18.

McClelland, D. C. (1973). Testing for competency rather than intelligence. *American Psychologist, 28,* 1–14.

McClelland, D. C. (1998). Identifying Competencies with Behavioral Event Interviews. *Psychological Science, 5,* 331–339.

McCloy, R. A., Campbell, J. P. & Cudeck, R. (1994). A confirmatory test of a model of performance determinants. *Journal of Applied Psychology, 79,* 493–505.

McCormick, E. J. & Jeanneret, P. R. (1988). Position Analysis Questionnaire (PAQ). In S. Gael (Eds.), *The job analysis handbook for business, industry, and government* (825–842). New York: John Wiley & Sons, Inc.

Meglino, B. B., Ravlin, E. C. & Adkins, C. L. (1989). A work values approach to corporate culture: A Field test of the value congruence process and its relationship to individual outcomes. *Journal of Applied Psychology, 74,* 424–432.

Morgeson, F. P. & Humphrey, S. E. (2006). The Work Design Questionnaire (WDQ): Developing and validating a comprehensive measure for assessing job design and the nature of work. *Journal of Applied Psychology, 91,* 1321–1339.

Murray, H. A. (1951). Toward a classification of interaction. In T. Parsons & E. A. Shils (Eds.), *Toward a general theory of action* (S. 434–464). Cambridge, MA: Harvard University Press.

Mussel, P., von der Bruck, H. & Schuler, H. (2009). Altersbedingte Veränderung differentieller Merkmale. *Zeitschrift für Personalpsychologie, 8* (3), 117–128.

Ng, T. W. H., Sorensen, K. L. & Eby, L. T. (2006). Locus of control at work: A Meta-analysis. *Journal of Organizational Behavior, 27,* 1057–1087.

Organ, D. W. (1988). *Organizational Citizenship Behavior: The good soldier syndrome.* Lexington, MA: Lexington Books.

Ostendorf, F. & Angleitner, A. (2004). *NEO-Persönlichkeitsinventar nach Costa und McCrae, Revidierte Fassung (NEO-PI-R).* Göttingen: Hogrefe.

Paschen, M. (2003). Kompetenzmodelle – Konzeptioneller Hintergrund und praktische Empfehlungen. *Wirtschaftspsychologie, 2,* 54–59.

Rammstedt, B. & John, O. P. (2005). Kurzversion des Big Five Inventory (BFI-K): Entwicklung und Validierung eines ökonomischen Inventars zur Erfassung der fünf Faktoren der Persönlichkeit. *Diagnostica, 51,* 195–206.

Reilly, R. R., Zedeck, S. & Tenopyr, M. L. (1979). Validity and fairness of physical ability tests for predicting craft jobs. *Journal of Applied Psychology, 64,* 262–274.

Saaty, T. L. (1980). *The analytic hierarchy process.* New York: McGraw-Hill.

Sarges, W. (2001). Competencies statt Anforderungen – nur alter Wein in neuen Schläuchen? In H.-C. Riekhof (Hrsg.), *Strategien der Personalentwicklung* (S. 285–300). Wiesbaden: Gabler.

Sarges, W., Wottawa, H. & Roos, C. (2010). *Handbuch wirtschaftspsychologischer Testverfahren – Band II: Organisationspsychologische Instrumente.* Lengerich: Pabst.

Scheffer, D., Schmitz, H. & Sarges, W. (2007). Kompetenzmodelle auf Basis des Wertequadrates als Motor von Veränderungen im Unternehmen. In F. Westermann (Hrsg.), *Entwicklungsquadrat – Theoretische Fundierung und praktische Anwendungen* (S. 223–244). Göttingen: Hogrefe.

Scherm, M. (2009). *Multiperspektivische Kompetenzfeedbacks. Funktion, Bedeutung und Güte der Selbst- und Fremdbeurteilung beruflichen Verhaltens.* Habilitationsschrift, Helmut-Schmidt-Universität Hamburg.

Schippmann, J. S., Ash, R. A., Battista, M., Carr, L., Eyde, L. D., Hesketh, B., Kehoe, J., Pearlman, K., Prien, E. P. & Sanchez, J. I. (2000). The practice of competency modeling. *Personnel Psychology, 53,* 703–740.

Schmidt, F. L. & Hunter, J. E. (1998). The validity and utility of selection methods in personnel psychology: Practical and theoretical implications of 85 years of research findings. *Psychological Bulletin, 124,* 262–274.

Schmidt, F. L. & Hunter, J. E. (2004). General mental ability in the world of work: Occupational attainment and job performance. *Journal of Personality and Social Psychology, 86,* 162–173.

Schmidt, K.-H. & Kleinbeck, U. (1999). Job Diagnostic Survey (JDS – Deutsche Fassung). In H. Dunckel (Hrsg.), *Handbuch psychologischer Arbeitsanalyseverfahren* (S. 205–230). Zürich: vdf Hochschulverlag.

Schmidt-Atzert, L., Deter, B. & Jaeckel, S. (2004). Prädiktion von Ausbildungserfolg: Allgemeine Intelligenz (g) oder spezifische kognitive Fähigkeiten? *Zeitschrift für Personalpsychologie, 3* (4), 147–158.

Schubert, K. & Klein, M. (2006). *Das Politiklexikon* (4., aktual. Aufl.). Bonn: Dietz.

Schuler, H. (2000). *Psychologische Personalauswahl* (3. Aufl.). Göttingen: Hogrefe.

Schuler, H. (2006). *Lehrbuch der Personalpsychologie* (2. Aufl.). Göttingen: Hogrefe.

Schuler, H. (2007). *Lehrbuch Organisationspsychologie* (4. Aufl.). Bern: Huber.

Schuler, H. & Höft, S. (2004a) Diagnose beruflicher Eignung und Leistung. In H. Schuler (Hrsg.), *Lehrbuch Organisationspsychologie* (3. Aufl., S. 439–532). Bern: Huber.

Schuler, H. & Höft, S. (2004b). Berufseignungsdiagnostik und Personalauswahl. In H. Schuler (Hrsg.), *Organisationspsychologie – Grundlagen und Personalpsychologie* (Enzyklopädie der Psychologie, Serie III Wirtschafts-, Organisations- und Arbeitspsychologie, Band 3, S. 439–532). Göttingen: Hogrefe.

Schwartz, S.H. (1992). Universals in the content and structure of values: Theoretical advances and empirical tests in 20 countries. In M. Zanna (Hrsg.), *Advances in experimental social psychology* (S. 1–65). New York: Academic Press.

Schyns, B. & Collani, G. v. (2002). Berufliche Selbstwirksamkeitserwartung (Occupational Self-Efficacy). In A. Glöckner-Rist (Hrsg.), *ZUMA Informationssystem. Elektronisches Handbuch sozialwissenschaftlicher Erhebungsinstrumente. ZIS Version 8.00.* Mannheim: Zentrum für Umfragen, Methoden und Analysen.

Shin, Y. (2004). A person-environment fit model for virtual organizations. *Journal of Management, 30,* 725–743.

Sonntag, K. (2006). *Personalentwicklung in Organisationen.* Göttingen: Hogrefe.

Sonntag, K. & Schaper, N. (1999). Förderung beruflicher Handlungskompetenz. In K. Sonntag (Hrsg.), *Personalentwicklung in Organisationen* (S. 211–244). Göttingen: Hogrefe.

Sonntag, K. & Schmidt-Rathjens, C. (2004). Kompetenzmodelle – Erfolgsfaktoren im HR-Management? *Personalführung, 10,* 18–26.

Staufenbiel, T. (2000). PaiRS (Version 1.0). *Ein PC-Programm zur eindimensionalen Saaty-Skalierung.* Philipps-Universität Marburg.

Staufenbiel, T. & Kleinmann, M. (2002). PaiRS – Ein Skalierungsverfahren für die Eignungsdiagnostik. *Zeitschrift für Personalpsychologie, 1,* 27–34.

Stegmann, S., van Dick, R. Ullrich, J., Charalambous, J., Menzel, B., Egold, N. & Tai-Chi Wu, T. (2010). Der Work Design Questionnaire: Vorstellung und erste Validierung einer deutschen Version. *Zeitschrift für Arbeits- und Organisationspsychologie, 54,* 1–28.

Steinmayr, R. (2005). *Kompetenz- und eigenschaftsbasierte Anforderungsanalysen an Stichproben von Führungskräften und Mitarbeitern.* Dissertation, Universität Heidelberg.

Steinweg, S. (2009). *Systematisches Talent Management.* Stuttgart: Schaeffer-Poeschel.

Stevens, M.J. & Campion, M.A. (1994). The knowledge, skill, and ability requirements for teamwork: Implications for human resource management. *Journal of Management, 20,* 503–530.

Stevens, M.J. & Campion, M.A. (1999). Staffing work teams: Development and validation of a selection test for teamwork settings. *Journal of Management, 25,* 207–228.

The Conference Board, Corporate Voices for Working Families, Partnership for 21st Century Skills & Society for Human Resource Management (2006). *Are they really ready to work? Employers' Perspectives on the Basic Knowledge and Applied Skills of New En-*trants to the 21st Century U.S. Workforce. Online verfügbar unter: http://www.p21.org/storage/documents/FINAL_REPORT_PDF09-29-06.pdf [Zugriff am 19.01.2012].

Thomas, A.L. (2010). *Nutzung von Kompetenzmodellen – Einsatz und dessen Vielfalt.* Unveröffentlichte Bachelorarbeit, Hochschule Fresenius Köln.

Treacy, M. & Wiersema, F. (1992). Customer intimacy and other value disciplines. *Harvard Business Review, January–February 1992,* 83–94.

van Dick, R., Schnitger, C., Schwartzmann-Buchelt, C. & Wagner, U. (2001). Der Job Diagnostic Survey im Bildungsbereich – eine Überprüfung der Gültigkeit des Job Characteristics Model bei Lehrerinnen und Lehrern, Hochschulangehörigen und Erzieherinnen mit berufsspezifischen Weiterentwicklungen des JDS. *Zeitschrift für Arbeits- und Organisationspsychologie, 45,* 74–92.

von Rosenstiel, L. (2007). *Grundlagen der Organisationspsychologie* (6. Aufl.). Stuttgart: Schäffer-Poeschel.

Woodruffe, C. (2000). *Development and assessment centres – Identifying and assessing competence* (3. Aufl.). London: IPD.

F-JAS

Fleishman – Job Analyse System für eigenschaftsbezogene Anforderungsanalysen

Deutschsprachige Bearbeitung des Fleishman Job Analysis Survey by E.A. Fleishman

Von M. Kleinmann · D. Manzey
S. Schumacher · E.A. Fleishman

EINSATZBEREICH:

Das F-JAS ist ein eigenschaftsorientiertes Anforderungsanalyseverfahren zur Bestimmung relevanter Fähigkeiten und Fertigkeiten zur Berufstätigkeitsausführung. Es kann als Grundlage für Maßnahmen im Bereich der Eignungsdiagnostik, Personalentwicklung und Arbeitsplatzgestaltung herangezogen werden.

DAS VERFAHREN:

Das F-JAS ist eine für den deutschen Sprachraum modifizierte Form des Fleishman Job Analysis Survey, welcher sich in langjährigem Forschungs- und Praxiseinsatz bewährt hat. Es besteht aus fünf Bereichen mit insgesamt 73 Skalen: Kognition (21 Skalen), Psychomotorik (10 Skalen), Physische Merkmale (9 Skalen), Sensorik/Wahrnehmung (12 Skalen), Soziale/interpersonelle Fähigkeiten und Fertigkeiten (21 Skalen). Dank der Vielzahl von Fähigkeiten und Fertigkeiten, die erhoben werden, kann das Verfahren für eher einfache Tätigkeiten (z.B. gewerbliche Arbeiten) bis hin zu sehr komplexen Tätigkeiten (z.B. Pilot) eingesetzt werden. Seine einfache Handhabung erlaubt die Befragung verschiedenster Informationsträger wie Vorgesetzte, Jobinhaber, Schulungsleiter bis hin zu Personalverantwortlichen. Das F-JAS ermöglicht nicht nur die Erhebung der Fähigkeitsprofile der Gesamttätigkeit, sondern auch von spezifischen Tätigkeitskomponenten oder einzelnen Aufgaben und kann auch zum Vergleich ganzer Tätigkeitsbereiche genutzt werden. Dies ermöglicht insbesondere bei sehr komplexen und vielschichtigen Tätigkeiten eine detaillierte und präzise Tätigkeitsbeschreibung.

BEARBEITUNGSDAUER:

Für Analysen mit dem kompletten Satz von Fähigkeiten/Fertigkeiten muss mit einer Bearbeitungsdauer von rund 90 Minuten gerechnet werden. Je nach Tätigkeit und Fragestellung können einzelne Fähigkeiten und Fertigkeiten oder ganze Fähigkeits- bzw. Fertigkeitsbereiche weggelassen werden, was die Bearbeitungsdauer entsprechend verkürzt. Bei einer Durchführung auf Tätigkeitskomponenten- oder Aufgabenebene verlängert sich die Dauer entsprechend der Anzahl untersuchter Komponenten bzw. Aufgaben.

F-JAS		
01 342 01	Test komplett	€ 220,00

Testzentrale · Hogrefe Verlag GmbH & Co. KG
Herbert-Quandt-Straße 4 · 37081 Göttingen
Tel: (0551) 50688-999 · Fax: -998
E-Mail: testzentrale@hogrefe.de · Internet: www.testzentrale.de

HOGREFE

Michaela Maier
Frank M. Schneider
Andrea Retzbach (Hrsg.)

Psychologie der internen Organisationskommunikation

(Reihe: »Wirtschaftspsychologie«, Band 31)
2012, XI/257 Seiten, geb.,
€ 39,95 / CHF 53,90
ISBN 978-3-8017-2359-0
E-Book € 35,99 / CHF 49,99

Interne Kommunikation ist ein wichtiger Faktor für den Erfolg von Organisationen und für das Wohlbefinden ihrer Mitglieder. Das Buch beleuchtet dieses interdisziplinäre Forschungs- und Anwendungsfeld aus einer bisher vernachlässigten, psychologischen Perspektive. Anhand wichtiger Modelle und Theorien der Psychologie sowie benachbarter Disziplinen wird dargestellt, wie interne Organisationskommunikation das Erleben und Verhalten der Mitarbeiter sowie den Organisationserfolg beeinflussen kann.

Uwe Peter Kanning
Hang Kempermann (Hrsg.)

Fallbuch BIP

Das Bochumer Inventar zur berufsbezogenen Persönlichkeitsbeschreibung in der Praxis

2012, 205 Seiten,
€ 39,95 / CHF 53,90
ISBN 978-3-8017-2355-2
E-Book € 35,99 / CHF 49,99

Das Bochumer Inventar zur berufsbezogenen Persönlichkeitsbeschreibung (BIP) gehört im deutschsprachigen Raum zu den führenden Selbstbeschreibungsinstrumenten der Personaldiagnostik. In diesem Fallbuch werden nach einer Einführung in das BIP verschiedene Beispiele für den Praxiseinsatz dargestellt: Auswahl von (Nachwuchs-)Führungskräften, Potenzialanalyse, Führungskräfteentwicklung, Bedarfsanalyse zur Personalentwicklung, Coaching und 360-Grad-Feedback.

Hogrefe Verlag GmbH & Co. KG
Merkelstraße 3 · 37085 Göttingen · Tel.: (0551) 99950-0 · Fax: -111
E-Mail: verlag@hogrefe.de · Internet: www.hogrefe.de

HOGREFE